生産性向上のための

建設業
バックオフィス
DX

一般財団法人
建設産業経理研究機構 ［編］

清文社

はじめに

　建設産業は、国土のインフラを構築するとともに、地域経済の雇用を支える基幹産業として重要な役割を果たしてきました。さらに自然災害が多発する我が国においては、国民の生命と財産を守るために防災の視点が欠かせず、近年は国土交通省も国土強靭化を施策の中心に据えています。建設産業の役割は、ますます大きくなっていると言えるでしょう。

　一方、地域建設業は、少子高齢化による労働力不足の状況が常態となっています。さらに5年の猶予が与えられていた残業時間の上限規制や多様な働き方を実現する「働き方改革」が2024年4月から施行されたことから、これに的確に対応していかなければなりません。

　働き方改革を実現するための制度として、女性活躍（えるぼし）、次世代育成支援（くるみん）、若年雇用促進（ユースエール）などが活用されていますが、何よりも重要なことは「生産性向上」にあると言えます。施工現場では、「i-Construction」や「BIM/CIM」など建設施工DXによる生産性向上の取組みが成果を出しつつあります。しかし、建設産業は施工現場をマネジメントするゼネコン（総合工事業者）と多数の協力企業（専門工事業者）から構成される重階層構造が特性となっており、請求書の受付処理、出来高査定、定時払い、手形管理などを担う経理部門、労働安全衛生や施工体制台帳、建退共などの事務処理を担う工務部門、総務部門などのバックオフィスのDXを推進することが、建設産業全体の生産性向上の鍵を握っています。

　また、従来からの業務処理に加え、インボイス制度（2023年10月）や電子帳簿保存法（2024年1月）への対応など、新たな課題も山積しており、建設施工DXと並行して建設業バックオフィスDXの実現は、喫緊の課題です。

本書では、法令の改正や制度の整備、ICT 技術の現状や未来像など、建設業バックオフィス DX を実現するために理解しておくべき情報を専門家がわかりやすく解説しました。また、建設企業の実例も紹介していますので、バックオフィス DX を目指そうとする建設企業にとってたいへん参考になる内容となっています。

　バックオフィス DX を実現することで、生産性向上だけでなく、法令遵守やガバナンスの強化も期待されます。本書が、建設企業のバックオフィス DX 構築の一助となれば幸いです。

2024 年 6 月

一般財団法人建設産業経理研究機構

代表理事　　**安藤　英義**

目次

はじめに

第1部 建設業バックオフィスDXを支える制度の整備状況

第1章 建設業バックオフィスに関する法整備とその法的背景

第1節　働き方改革、独占禁止法、電子契約等の法整備……………… 4
　　　　弁護士　秋野　卓生

第2節　改正電子帳簿保存法、電子インボイス等の法整備…………… 24
　　　　税理士　石川　幸恵

第2章 バックオフィスDXの環境整備

第1節　建設業の業務効率化のカギを握るデジタルインボイス……… 38
　　　　デジタルインボイス推進協議会（EIPA）

第2節　JIIMA認証制度………………………………………………… 45
　　　　公益社団法人 日本文書情報マネジメント協会（JIIMA）専務理事　甲斐荘　博司

第3節　業界共通の制度インフラとしての建設キャリアアップシステム　55
　　　　一般財団法人 建設業振興基金
　　　　建設キャリアアップシステム事業本部長　長谷川　周夫

第4節　建設業許可や経営事項審査に係る申請等の手続電子化……… 73
　　　　国土交通省　不動産・建設経済局　建設業課

第5節　施工体制台帳や施工体系図の電子化………………………… 81
　　　　国土交通省　不動産・建設経済局　建設業課
　　　　入札制度企画指導室　連携推進係長　櫻井　紘司

第2部 建設業バックオフィスDXの現状と近未来

第1章 建設業バックオフィスDXを支える最新ICT（情報通信技術）

第1節 バックオフィスDXを構築する際に知っておくべき7種類の「DXを支える基盤技術」と9種類の「基盤構築サービス」… 90
日本マルチメディア・イクイップメント株式会社　代表取締役　高田　守康

第2節 建設業バックオフィスで利用できる SaaS（Software as a Service）一覧……………………… 133
Karorino 株式会社　加川　大輔
日本マルチメディア・イクイップメント株式会社　高田　守康

第2章 電子商取引EDIの現状と近未来

第1節 企業間取引における決済手段等の電子化 …………………… 146
一般社団法人全国銀行協会　古賀　元浩

第2節 建設業界のバックオフィスの生産性向上に資するCI-NETの取組み……………………… 162
一般財団法人　建設業振興基金
情報化推進支援担当　上席特別専門役　中緒　陽一

第3節 建設業界のバックオフィス部門における現状の課題 …… 179
株式会社インフォマート プロダクト統括部長　関塚　陽平

第3部 建設各社によるバックオフィスDX導入事例

事例 1 働き方改革、待ったなし！！竹中工務店が描くDX推進 … 191
　　　　株式会社竹中工務店　デジタル室
　　　　ビジネスアプリケーション1グループ長　芦田　浩史

事例 2 西松建設のCI-NET導入の背景 ……………………………… 201
　　　　西松建設株式会社　DX戦略室
　　　　ICTシステム部　情報システム課　担当課長　古城　康彦

事例 3 建設業界の紙文化一掃するDXプロジェクト
　　　　契約から一気通貫の仕組みを、取引先と共に構築 ………… 208
　　　　坪井工業株式会社　管理部　DX推進室長　舘野　邦之

■本書の内容のうち、特に明記されていないものについては2024（令和6）年4月1日現在の情報をもとに執筆されています。

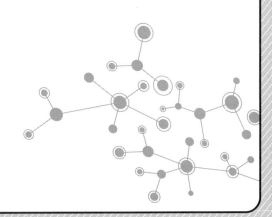

第 1 部

建設業バックオフィス DX を
支える制度の整備状況

第1章

建設業バックオフィスに関する
法整備とその法的背景

第1節

働き方改革、独占禁止法、電子契約等の法整備

弁護士　秋野　卓生

1 建設業における2024年問題への対策として求められる合理的な働き方改革の必要性

■1 2024年4月1日に施行された建設業における残業時間の上限規制

　2024 年 4 月 1 日から、建設業における残業時間の上限規制がスタートしました。

　これまでは残業時間の法的規制がなく、上限を超えて働かせた場合にも罰則はありませんでしたが、残業規制に違反して従業員を働かせた場合には、6 か月以下の懲役または 30 万円以下の罰金が科されることになりました。

　建設業においては、今後このようなリスクがありますので、残業規制に適合した働き方改革を実践していかなければなりません。

■2 残業時間の上限規制の内容

　建設業における残業時間の上限規制は、働き方改革の主要政策として 2019 年より順次施行されていた改正労働基準法における、建設業の 5 年間の猶予期間が終わったことで施行されたものです。

　法律で定められた労働時間の限度（法定労働時間）は、1 日 8 時間、1 週間で 40 時間ですが、それを超える「時間外労働」や「休日労働」をさ

せる場合、「36協定」を労使間で締結し、労働基準監督署へ届出をすることで、これまでは残業時間に上限なく従業員に働かせることができました。

今回の法改正で、建設業にも時間外労働の上限が法律で明確に規定され、原則として時間外労働は月45時間かつ年360時間が上限となりました。

臨時的で特別な事情がある場合の「特別条項付き36協定」でも、これまでのルールとは異なり「2～6か月の平均でいずれも80時間以内」「単月では100時間未満」といった細かな上限規制が設けられました。

3 労働基準法違反企業の調査

労働基準法違反が認められた場合、多くのケースではまず労働基準監督署の立ち入り調査が入り、処罰が相当と思われる場合にはその後警察が捜査し、検察官が起訴することになります。

建設業界やトラック業界、医師など、労働基準法の改正後に猶予期間が与えられて2024年4月からの施行となった業界には、今後労働基準監督署による立ち入り調査が入る可能性は高くなると思われます。建設業においては、労働基準法に関するコンプライアンスを高めることが急務といえるでしょう。

4 週休2日は労働基準法上の義務ではない

建設業界団体から提示されている「週休2日」は労働基準法上の義務ではありません。

労働基準法上「法定休日」は毎週少なくとも1回、と定められています。つまり休日は週1日が義務ということになります。

しかし、「法定労働時間」が1日8時間・1週間で40時間以内であり、2024年4月からは時間外労働時間も月45時間かつ年360時間が上限とな

第1章　建設業バックオフィスに関する法整備とその法的背景

りますので、毎週6日勤務をさせることは困難となります。

　国土交通省も「令和6年4月以降、建設業においても罰則付きの時間外労働規制が適用されることを踏まえ、国交省直轄工事における週休2日モデル工事の拡大に加え、地方公共団体、民間発注者、建設業者への働きかけ等を実施」[1]すると発表していますので、今後、元請業者のみならず、下請業者においても週休2日を推進すべく、取組みが進むと思われます。

　週休2日を阻害する要因としては、建設業で働く職人の多くが日当で働いており、週6日→週5日勤務になると月給は約17%下落してしまうこと、工事日が減って工期スケジュールがきつくなること、といったものがあります。

　しかし、建築業界は、若年層の入職者が少なくなってきており、今後、深刻な人手不足が想定されています。そんな中で、休みが少なく、給料が安いことを当たり前にしていては、業界としての持続可能性が問われてしまいます。

　今後は、DXの活用、電子契約採用による業務効率の向上や外注の活用などにより、社内の業務を見直し、効率化を進めて働き方改革を実践することが重要となっていくでしょう。

　今の法律改正の流れは、建設業界に発想の切り替えを求めているといえます。

　たとえば、残業の多い現場監督の業務効率を高めるために、下請業者からの値上げに応じる代わりに建築現場の写真撮影の協力をお願いしたり、DXを活用して業務の効率化を図ったりと、法律改正の動きにあわせたチャレンジをしていくことが必要となっていきます。

---

[1] 国土交通省関東地方整備局建政部 建設産業第一課「建設業の働き方改革の推進」（令和5年6月）

第1節　働き方改革、独占禁止法、電子契約等の法整備

2 独占禁止法（優越的地位の濫用、下請法）
—建設業が狙われる可能性、罰則の厳しさ、バランスのとり方

1 独占禁止法に関する法律相談の増加

　昨今、弁護士に寄せられる法律相談として「電気代高騰を受け、プレカット業者の団体が、住宅会社・工務店向けに値上げの要請文書を発出することは独占禁止法上許されるか」といった、独占禁止法に関するものが多くなってきています。

　確かに、下請業者が原価高騰を受けて値上げを申し出ようとしても元請業者・下請業者の力関係から単独で交渉することは難しく、事業者団体として値上げのお願い文書を出したいという気持ちはよくわかります。

　しかし、「事業者団体が、構成事業者が供給し、又は供給を受ける商品又は役務に関し価格の決定、維持若しくは引上げ又は数量の制限を行い（中略）一定の取引分野（市場）における競争を実質的に制限すること」[2]は、独占禁止法第8条第1項第1号の規定に違反するとされていますので、安易な文書発行は控えた方がよいでしょう。

2 事業者団体として、どこまでの文書なら許されるのか

　事業者団体が、業界の窮状を訴える文書を作成し、取引先に配布することは、直ちに独占禁止法上問題となるものではないと言われています。

　しかし、文書の内容は業界の窮状を訴えるものであっても、当該文書の作成等を契機として会員事業者間で競争制限的な行為が行われるような場合には、このような文書の作成自体が独占禁止法上の問題を生じることとなると言われており、線引きが非常に難しくなっています。

---

[2]「事業者団体の活動に関する独占禁止法上の指針」3（1）

要請文書の表題を「価格是正についてのお願い」としたり、文中に「価格是正の御協力を賜りますよう」と記載したりするなど、値上げについて、協会など事業者団体として後押しする内容の場合には、独占禁止法違反に抵触します。

❸ 不当な取引制限

公正取引委員会が、電力大手4社による相手の区域内での大口顧客への営業を制限することなどで合意したカルテルを認定し、計約1,000億円にのぼる巨額の課徴金などの処分を出す[3]など、最近、多くの独占禁止法違反事件の報道を目にします。

建設業で特に留意すべきなのは、民間の発注企業が競争入札をするのに際し、受注側企業同士で意思疎通をして、不当な取引制限に抵触する行為をしてしまうケースです。

また、元請業者から複数の下請業者に対して見積依頼をした際に、見積書を作成する複数の下請業者が見積金額の内容を協議する行為や「今、うちの会社忙しいので、お宅の会社で請けてくださいよ」と受注予定者を調整する行為もカルテルに該当し、不当な取引制限として独占禁止法で禁止されている行為です。

下請業者が集まる機会は、元請業者の安全協力会や業界団体の会合など、様々な場面で想定されます。原価高騰や消費税インボイス制度の導入による職人の人件費高騰を受けながらも利益を確保したいという現在は、下請業者が足並みを揃えて「取引価格を値上げする」といった独占禁止法違反が生じやすい環境にありますので、企業コンプライアンスの観点から、社内勉強会を実施し、競合他社との情報交換を意識的にコントロールする必要性が高いでしょう。

---

[3] https://www.jftc.go.jp/houdou/pressrelease/2023/mar/230330_daisan.html
公正取引委員会「(令和5年3月30日)旧一般電気事業者らに対する排除措置命令及び課徴金納付命令等について」

４ 公正取引委員会によるカルテルの立証

「カルテル」は、競合他社同士がお互いに通じ合って、受注価格などの足並みを揃えることをいいますが、通常は、口頭でやりとりされ、証拠が残らないのが一般的です。

カルテルの疑いをもった公正取引委員会は、状況証拠として、競合他社同士の情報交換（どのような情報が、いつ、誰と交換されたか）という客観的事実を見つけ出し、違法な情報交換があれば、お互いに通じ合ったという認定をし、価格などの足並みが揃っていれば、カルテルが成立した、と認定することとなります。

たまたま同じ価格になったにすぎず、暗黙の了解はないという反論は、難しいのが現実です。

５ 入札談合やカルテルがどうして発覚するのか

最近は、課徴金減免制度といって、事業者が自ら関与したカルテル・入札談合について、その違反内容を公正取引委員会に自主的に報告した場合、課徴金が減免される制度が積極的に活用されています。要するに、一番最初に公正取引委員会に自主的に報告すれば高額の課徴金が減免されるのです。

コンプライアンスの意識の高まりから、特に大手企業では、内部通報窓口や外部通報窓口で、当該企業における法律違反の事実を収集しています。

この通報窓口に入札談合やカルテルに関する情報提供が寄せられると、企業は調査委員会を立ち上げて社内調査を実施し、そして調査の結果、独占禁止法違反の事実が認められれば、弁護士が課徴金減免制度の活用と共に公正取引委員会への報告をアドバイスし、それを受けた公正取引委員会が、独占禁止法違反容疑に基づき、調査を開始するといった流れができているのです。

第1章　建設業バックオフィスに関する法整備とその法的背景

６ 競合他社との情報交換の意識的なコントロール

　競合他社との情報交換の意識的なコントロールは極めて重要です。具体的には、情報交換の場面を個別具体的に分類するとともに、「問題視されやすい情報」と「問題視されにくい情報」を明確に区分することで、独占禁止法違反リスクを極力小さくする社内規程の整備がポイントとなります。

　たとえば、「同業他社との直接取引（下請工事の発注・受注など）や共同企業体の事業運営に関して、同業他社と接触する場合（安全・品質・施工管理に係る業務は除く）は、直属上長の事前承認を得ることとする。」「直属上長の承認がない場合には、会社社屋はもとより、喫茶店、ホテル等の社外施設においても同業他社と接触してはならない。」といった社内規程を整備することにより、「独占禁止法を知らなかった」ことが原因となる法違反を未然に防止することができます。

７ ペナルティーは予想以上に大きい

　カルテル等の不当な取引制限に対する公正取引委員会による行政処分として、排除措置命令（独占禁止法第7条、第49条第1項・第2項）が出され、同日に公表されます。

　そして、公正取引委員会より、課徴金納付命令（独占禁止法第7条の2、第50条第1項～第3項）を受けることとなります。課徴金額は違反行為期間中（最長3年間）の違反行為に係る売上高を基に、算定率を掛けて計算されます。

　重大な案件では、刑事罰として、会社は5億円以下の罰金を科せられ、また、違反を行った役員・社員に対しても5年以下の懲役または500万円以下の罰金が科せられる事となります。

　さらに、国土交通大臣または都道府県知事（建設業の許可権者）より監

第1節　働き方改革、独占禁止法、電子契約等の法整備

督処分が行われ、独占禁止法違反の入札談合では原則30日〜1年の営業停止処分を受けることとなります（建設業法第28条、第29条）。また、悪質な場合には建設業許可の取消し処分を受けることがあります。そして、独占禁止法違反行為に係る発注者に限らず、全国の他の省庁・地方公共団体等からも一定期間（1か月〜36か月）の入札参加停止を受けることとなります。

　マスコミ報道などにより世間に広く知れ渡り、信頼失墜をするだけでなく、上記のような深刻なペナルティーがあるため、「独占禁止法を知ったうえで競合他社と付き合う」必要性は非常に大きくなっています。そのため、まずは社員全員に知ってもらうべく、競合他社との情報交換に関する社内規程を整備し、社内研修会等の機会を設け、周知徹底することが重要です。

3　消費税インボイス登録の要請に当たり、独禁法が禁じる優越的地位の濫用が問題となる場面

■1　消費税インボイス登録の強要リスク

　消費税のインボイス登録について、元請業者が下請業者に対して「登録番号を出せるよう用意してください。できない場合は取引関係を見直します。」といったFAXを一方的に送りつけるなど、要請を応諾しない下請業者との取引を直ちに停止する等の元請業者の行動は、独占禁止法（優越的地位濫用）に違反するおそれがありますので、元請業者においては周到な準備と慎重な対応が必要となります。

11

第1章　建設業バックオフィスに関する法整備とその法的背景

❷ なぜインボイス登録の強要が独占禁止法違反となるのか

そもそも消費税インボイス制度は、国が創設した制度で、この制度の遵守を元請業者が下請業者に要請することがどうして独禁法違反となるのか、と不思議に思う方もいるかもしれません。

免税事業者である下請業者は、今までは元請業者から消費税を受領するものの、納付はしていませんでした。これを益税と呼びます。益税自体は違法なものではなく、インボイス制度の導入後も免税事業者という制度は残ります。

元請業者による益税の吐き出しの強制は下請業者側にとって損失に繋がりますので、益税の解消がインボイス制度導入の趣旨と合致するとしても、それを根拠に、元請業者の一方的な要求による優越的地位の濫用を正当化するのは難しいと言われています。

公正取引委員会等が公表している「免税事業者及びその取引先のインボイス制度への対応に関するQ&A」[4] では、以下の行為が独禁法の禁じる優越的地位の濫用に該当する可能性がある旨が紹介されています。

① 仕入先の免税事業者に対して『取引対価の引下げ』を要請すること
② 仕入先の免税事業者に対して『商品・役務の成果物の受領拒否、返品』すること
③ 仕入先の免税事業者に対して『協賛金等の負担の要請等』をすること
④ 仕入先の免税事業者に対して他の商品・役務の『購入・利用強制』をすること
⑤ 仕入先の免税事業者に対して『取引の停止』の要請をすること

---

[4] https://www.jftc.go.jp/dk/guideline/unyoukijun/invoice_qanda.html

第1節　働き方改革、独占禁止法、電子契約等の法整備

▌3 適法にインボイス登録を実施する方法

適法にインボイス登録を実施するには、元請業者が一方的に登録の要請を強いていると取られないようにすることが大切です。

したがって、元請業者は、

① 業者会などの席上、制度の説明をしたうえで下請業者の事情についても配慮を示すこと

② 下請業者に元請業者の状況を把握してもらったうえで下請業者に判断の時間を十分に与え、拙速に登録の意向確認を求めないこと

を意識するとよいでしょう。「○月○日までに登録しない下請業者は、業者会から除名する」といった一方的な対応は、独禁法違反となる可能性があるので、十分に注意が必要です。

▌4 独占禁止法上、適法とされる場合とは

独占禁止法が禁じる優越的地位の濫用行為とは、

① 自己の取引上の地位が相手方に優越していることを利用して（優越的地位）

② 正常な商慣習に照らして不当な行為を行うこと（濫用行為）

と定義されています。

元請・下請関係の場合、①の優越的地位は当然認められるものですが、②正常な商慣習に照らして不当な行為を行うこと（濫用行為）という要件については、分析・検討の価値があります。

例えば、下請業者がインボイス登録をせず、免税事業者であり続けた場合、元請業者は仕入れ控除ができず、仕入税額控除が制限される分（免税事業者からの課税仕入れはインボイス制度の実施後3年間は、仕入税額相当額の8割、その後の3年間は同5割の控除）について値引き交渉をしたいと考えると思います。

13

元請業者と下請業者との間で、免税事業者の仕入れや諸経費の支払いに係る消費税の負担をも考慮したうえで、双方納得のうえで取引価格を設定すれば、結果的に取引価格が引き下げられたとしても、独占禁止法上問題となるものではないとされています。

しかし、再交渉が形式的なものにすぎず、元請業者の都合のみで著しく低い価格を設定し、免税事業者が負担していた消費税額も払えないような価格を設定した場合であって、免税事業者が今後の取引に与える影響等を懸念してそれを受け入れざるを得ない場合には、「優越的地位の濫用」として、独占禁止法上問題となるとされています。

実際の値引き交渉の場面を想定すると、元請業者が値引きを強行していると評価されてしまう場面が多いと推測されるので、もし、値引きをするのであれば、それに見合う以下のような経済的利益の提案をするべきでしょう。

（1）発注量を増やす

値引きをお願いしつつ、発注量を増やす配慮をし、結果的に、下請業者に不利益行為に見合った利益が認められることになれば、独禁法違反とはなりません。

ギブアンドテイクの関係性の範疇に納める対応にして独禁法をクリアーするのも1つの手です。

（2）支払サイトを短くする

元請負人が特定建設業者である場合には、建設業法第24条の6第1項にて、下請負人から建設工事の目的物の引渡しの申し出（建設業法第24条の4第2項）を受けた日から50日以内に、かつ、できる限り短い期間内に下請代金を支払わなければならないとされています。

この支払サイトが遵守できていない建設業者は非常に多く、コンプライアンス上いつかは解消しなければならない問題です。

今回、免税事業者とのギブアンドテイクの関係性を維持するために、仕

入税額控除が制限される分について値引きに応じる代わりに、支払サイトを短くする交渉をするのも1つの手です。

（3）簡易課税選択をしてもらい、下請業者へ3%増額対応する

下請業者の中には、売上金額が5,000万円以下で、簡易課税選択ができる職人も多いと思います。

簡易課税選択をすると、みなし仕入れをすることができ、建設業はみなし仕入率が70%ですので、売上税額の30%分、すなわち、税率10%の30%である税率3%分が免税事業者時代よりも負担が大きくなる分となります。

この3%分について、増額に応じてあげれば、結果的に、下請業者に損失はないこととなるので、この簡易課税選択のうえ、3%増額に応じるという方法も有効なやり方です。

5 真摯な話合いが大切

独禁法違反、下請法違反、建設業法違反に関する法律相談の場面では、元請業者と下請業者のコミュニケーション不足を「下請いじめ」と評価され、公正取引委員会などから強い指導を受けてしまうケースが多くあります。

今回の消費税インボイス対応に当たっては、真摯な話合いを行い、その結果を議事録に残す丁寧な対応を心がけるようにしましょう。

4 電子契約導入に当たっての基礎知識

脱ハンコの流れや印紙代節約というインセンティブからか、電子契約を導入したい、という法律相談が多く寄せられています。以下では、建設業者が電子契約に取り組むに当たり、知っておきたい基礎知識を解説します。

第1章 建設業バックオフィスに関する法整備とその法的背景

1 電子契約の種類

現在、以下に紹介する3つのサービスが電子契約サービス事業者から提供されています。

(1) 当事者署名型

当事者署名型とは、契約を締結する全ての当事者が、認証局の本人確認を経て、当事者名義の電子証明書を取得したうえで、当事者が自身の電子署名を電子契約書に付す方式です。

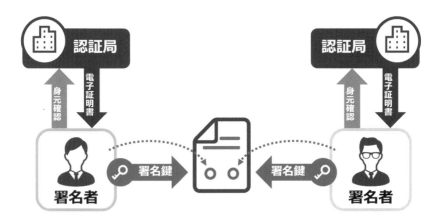

出所：匠総合法律事務所作成

当事者型署名は、電子証明書をどこに保管しておくかという点で、下記の2つの分類があります。

◆ローカル署名

電子証明書を物件（USBトークンやICカードなど）、電子的にローカル環境でコピーできない状態に置き、契約者本人が確実に所有し、ローカル環境で電子署名を行う方法。

◆リモート署名

電子証明書と秘密鍵を安全なサーバーに保管・管理することで、物件に縛られることなく、リモート環境でも電子署名を行うことができる方法。

(2) 事業者署名型（立会人型）

　事業者署名型とは、電子契約サービスの提供事業者が、契約当事者の身元をメール認証や二要素認証等で確認をし、契約当事者を特定できる情報を含んだ電子証明書を取得して、本人ではなくサービス提供事業者がサービス提供事業者の電子署名を電子契約書に付す方式です。

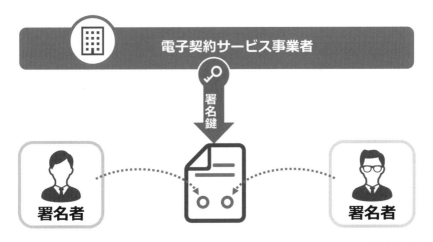

出所：匠総合法律事務所作成

　事業者署名型（立会人型）では、下記の署名方法が採用されています。

◆クラウド署名

　電子証明書、秘密鍵をクラウド事業者が準備し、これを提供するため、利用者は事業者に対して署名指図を行う形で、電子署名を行う方法。

(3) ハイブリッド型

　ハイブリッド型とは(1)及び(2)の双方を利用した方式であり、電子契約サービスを契約している一方当事者が、自身は本人の電子署名を利用し、他方にはサービス提供事業者に依頼し事業者署名型（立会人型）の署名を電子契約書に付す方式です。

第1章 建設業バックオフィスに関する法整備とその法的背景

出所：匠総合法律事務所作成

　ハイブリッド型は、署名の方法でいうと、ローカル署名とクラウド署名、リモート署名とクラウド署名のいずれかの組み合わせとなります。

❷ 現在の主流は事業者署名型電子署名

　電子署名法が2001年4月1日に施行された当時、電子署名として想定していた電子契約のスタイルは、第三者である電子認証局が当事者本人の「固有性」の確認（その者が対象となる電子文書の作成者であることの確認）を行い、それに基づいて発行した電子証明書を用いて、当事者本人が電子署名を行うスタイルです。

　2001年3月30日に発表された建設業法施行規則第13条の2第2項に規定する「技術的基準」に係るガイドラインが認めている電子契約も、この当事者本人が電子署名を行うスタイルを前提に定められています。

　しかし、電子認証局にわざわざ電子証明書の発行を依頼する煩わしさやコスト負担などの問題から、なかなか普及しませんでした。

　現在は、「事業者署名型電子署名」といって、クラウドを用いた電子契約プラットフォームにおいて、クラウド事業者が契約当事者の意思が合致したことを確認したうえで、契約当事者のために電子署名を行う形式が主

流となっています。

この事業者署名型電子署名が電子署名法に適合した電子署名に当たるための要件について、2020年、総務省、法務省及び経済産業省による7月17日見解[5]、9月4日見解[6]というものが出されました。

クラウド事業者が、いわゆる二経路認証によって利用者本人以外の他人が容易になりすますことができないという「固有性」の要件を備える場合には、電子署名法上の効力を認める電子契約となります。

3 電子契約のリスク

(1) なりすまし契約のリスク

請負契約を締結する場合、打合せを重ねて契約を締結する通常のケースであれば、なりすましが発生するリスクは少ないと思われます。

しかし、契約に際して対面しなくとも発注がなされる可能性がある少額リフォーム工事等の場合には、親族間におけるなりすまし契約のリスクに注意しなければなりません（例えば、子が父の名義で電子契約を締結してしまう場合など）。

(2) 高齢者取引のリスク

電子取引に慣れていない高齢者と電子契約を締結する場合に、契約行為（顧客のパソコンから電子契約をする）を契約の相手方である営業担当者が注文者に代わって行うリスクがあります。

---

[5] https://www.moj.go.jp/content/001323974.pdf
総務省・法務省・経済産業省「利用者の指示に基づきサービス提供事業者自身の署名鍵により暗号化等を行う電子契約サービスに関するQ&A」（2020年7月17日）

[6] https://www.moj.go.jp/content/001327658.pdf
総務省・法務省・経済産業省「利用者の指示に基づきサービス提供事業者自身の署名鍵により暗号化等を行う電子契約サービスに関するQ&A（電子署名法第3条関係）」
（2020年9月4日公表、2024年1月9日一部改定）

（3）契約約款を読み飛ばしてしまうリスク

　対面による詳細な契約内容の説明を行わない電子契約の場合、注文者が事業者有利な契約約款であることに気がつかず、後に、「こんな契約約款だったら契約はしなかった」とトラブルになるリスクがあります。

❹ 電子契約の契約約款の記載上の注意点

（1）契約書に記載された日付と契約成立日がずれてしまう可能性

　契約は、当事者の意思の合致により成立します。したがって、申込に対する承諾がなされ、これが相手方（申込者）に到達した時点で契約は成立します（民法第 522 条第 1 項）。

　3 月 1 日に合意が成立し、契約書の日付が 3 月 1 日付けになっているが、契約書の送信が電子契約のシステム上、3 月 6 日になってしまい、3 月 6 日付けのタイムスタンプが押されてしまうことがあり得ます。

　この日付のずれのリスクを避けるため、「契約の効力」の発生時期について、「本契約は、その締結日にかかわらず 2025 年 3 月 6 日から効力を有するものとする。」といった条項を定めておく必要が出てきます。

（2）契約書の「末文」の記載を変える

　契約書の末尾、署名欄の上には、一般的に「本契約の成立を証するため、本書 2 通作成し、甲乙押印のうえ、各 1 通ずつ保管するものとする。」などと記載されます。

　契約の締結方法を電子契約とする場合には、媒体、押印に代わる措置、原本の定めを電子契約に合った形で定めることとなります。

　したがって、例えば「本契約の成立を証するため、本書を電磁的に作成し、甲乙合意を証する電磁的措置を執ったうえ、双方保管するものとする。」や「本契約の成立を証するため、本書を電磁的に作成し、XXX サイン上において甲乙それぞれ合意を証する電磁的措置を執ったうえ、双方保管するものとする。」といった文言に変更する必要があります。

(3) 発注書・請書を活用する場合には、一往復半の設定をする

　発注書・請書のフォーマットをあらかじめ双方で定めておき、①当社から送信し（申込の誘引）、②相手方に必要事項を記入してもらった後（申込）、③再度当社が受信し「同意」「承諾」するという、「一往復半」の設定をすることも可能です。

5 どこまでのセキュリティを要求するか（なりすましの防止）

　電子契約は、非対面で行われますので、無権限者が他人の名義を冒用して取引を行うこと（なりすまし）が比較的容易です。

　そのため、電子契約の締結においては、送信された電磁的記録が、本当にその発信者とされている者が発信したのか、発信する権限を有していたのか等は、重要な問題となります。

　本人であることを確認する手段として、SMS 認証（携帯電話番号）、ワンタイムパスワードアプリなどの利用、身分証（免許証等）のアップロード、顔写真アップロードや、電子署名を用いて確認を行う方法などがあります。

6 電子契約の文化の定着は、デジタル庁の動きを注視

　建設業における請負契約トラブルの一類型として、住宅建設の施主都合解除のトラブルがあります。

　これは、ある施主と請負契約を締結したにもかかわらず、その施主に対して別の会社が「値引きする」などと営業を継続し、施主も「まだ何もしてもらっていないから契約解除したい」と解除の申し出を受けるケースがあります。

　なかには、請負契約書に署名捺印を得ているのに、「申込書だと思った」として契約不成立の主張を受けるケースもあります。

　紙面の契約でも契約締結意思が不十分なケースが散見されるのに、慣れない電子契約での契約締結が、十分な契約締結意思のもと契約を締結した

といえるのか、後から不安な側面も出てくることは十分に考えられます。

　ただ、この点は、契約締結の文化の問題なので、我が国の契約文化が変われば「電子契約は当たり前」といった時代になる日もそう遠くはないでしょう。

　この点で注目したいのが、デジタル庁の動きです。

　令和元年5月31日、デジタル手続法が公布されました。これは「行政手続のオンライン原則」がうたわれている法律で、デジタル庁はこの「行政手続のオンライン原則」を加速する役割を担っています。

　ここで「行政手続のオンライン原則」と電子契約がどのように関わってくるかというと、例えば、商業登記簿謄本のオンライン申請には会社代表者の電子証明書が必要となるので、オンライン申請をしている会社は電子証明書を取得済みで、電子契約の締結ができる状況にあります（活用していないだけです）。

　さらに、建設業の更新手続、建築士事務所の更新手続などが全てオンライン申請可能となったら、多くの会社が電子証明書を取得して、オンライン申請を導入していくことになるでしょう。

　それに加え、社会保険・労働保険に関する手続や法人税申告に関する手続についても電子申請が当たり前になれば、多くの会社が電子証明書を当たり前に活用するようになり、自然と電子証明書を活用した電子契約を活用するハードルも下がっていくものと予想されます。

　他方で、国民目線で見ると、デジタル庁はマイナンバーカードの推進も行っていますが、マイナンバーカードには既に電子証明書が埋め込まれています。

　将来的にマイナンバーカードがスマートフォンに搭載されるようになれば、それを利用して簡単に電子契約が締結できる環境にもなるかもしれません。

　電子契約が当たり前になるもの、そう遠い未来の話ではないのです。

第1節　働き方改革、独占禁止法、電子契約等の法整備

❼ 将来的な当事者署名型電子契約の普及に向けて

　現在、電子契約の主流は事業者署名型（立会人型）またはハイブリッド型であり、当事者署名型の電子契約の普及には至っていないのは前述の通りです。

　電子証明書をフルに活用できる環境ができていないことがその大きな要因ですが、事業者署名型（立会人型）の電子契約の場合、いくら民間のクラウド事業者が本人確認をしても「なりすまし」のリスクは残ってしまいます。

　やがては、デジタル庁主導で本人確認が実施されるようになり、マイナンバーカードの普及により、電子証明書をフルに活用できる環境整備がなされるようになれば、当事者型の電子契約が主流となるでしょう。今は、また電子契約は発展途上の時期である、といえます。

　どんどん進む最先端の電子契約の動きに、今後も注視していく必要があるでしょう。

第2節

改正電子帳簿保存法、電子インボイス等の法整備

税理士 石川 幸恵

　経理に関する帳簿・書類を電子データで保存するルールを定めているのが電子帳簿保存法[1]です。一方、消費税インボイス制度は適格請求書発行事業者の登録情報を国税庁が電子データで提供するなどデジタル化と親和性の高い制度です。本項ではDXの法的背景としてこの2つの制度の内容を解説します。

1 電子帳簿保存法の改正

　電子帳簿保存法は、紙による保存が原則とされてきた帳簿や書類を電子データで保存するためのルールを定めた法律です。電子帳簿保存法が創設されたのは1998年（平成10年）ですが、創設当初は適正公平な課税の確保に重きがおかれ、改ざん防止に関する要件が厳しいものでした。この要件が大きく緩和されたのが2021年（令和3年）度の税制改正です。経理の電子化による生産性向上やテレワークの推進に対応するため、税務署長の事前承認制度が廃止される等ハードルが下げられました。同時に、請求書を電子メールでやり取りする等の電子取引を行った場合の電子データ保存が必須となり、ほとんどすべての事業者が対応を求められることとなりました。

---

[1] 正式名称は「電子計算機を使用して作成する国税関係帳簿書類の保存方法等の特例に関する法律」です。以下、条文番号を記載する際には「電帳法」と略します。
　（例：電子帳簿保存法第4条第3項→（電帳法4③））

1 電子帳簿保存法の内容

「経理の仕事として帳簿を記録する」、「納品書を基に、取引先から納められた製品を検品する」、「経費精算のために領収書を整理する」。営む事業の種類や自身の役職に関わらず、帳簿や書類は誰しもが日々関わるものです。

法人税法における帳簿や書類がどのようなものか再確認し、これらを電子化して保存するための要件を見ていきます。

(1) 帳簿や書類とはどのようなもの？

◆帳簿とは

帳簿とは法人がその取引を記録するもので、事業年度ごとに区切って記録、保存をします。次が代表的な帳簿です。

> 総勘定元帳、仕訳帳、現金出納帳、売掛金元帳、買掛金元帳、固定資産台帳、売上帳、仕入帳等

◆書類とは

書類とは、取引に関して作成したり、取引先から受領する書類をいいます。代表的な書類は次のようなものです。

> 棚卸表、貸借対照表、損益計算書、契約書、領収書等

法人はこれらの帳簿や書類をその事業年度の確定申告書の提出期限の翌日から７年間[2] 保存しなければなりません。

◆違反したら

法人が帳簿の記録を怠ったり、書類を改ざんしたらどうなるのでしょうか。自己の売上や利益を正確に把握することが困難となるのはもちろん、税務調査において帳簿を提示できなかったり、改ざんが発覚した際には各

---

[2] 青色申告書を提出した事業年度で欠損金額（青色繰越欠損金）が生じた事業年度または青色申告書を提出しなかった事業年度で災害損失金額が生じた事業年度においては、10 年間となります。

種のペナルティが課されます。

　各種のペナルティには、例えば過少申告加算税の加重があります。過少申告加算税とは、税務調査において納めるべき税金が少なかったことが発覚した場合に課される行政制裁的な税金です。原則として、追加で納めることとなった税金の10％相当額が課されます。売上に関する帳簿を作成しておらず、提示できなかった場合や売上を少なく記載していた場合には、過少申告加算税がさらに最大10％加重されます。

　また、税務署長によって青色申告の承認が取り消される可能性もあります。青色申告の承認が取り消されると青色繰越欠損金の繰越ができなくなる等、法人税が少なくなる特典を使えなくなります。

(2) 電子帳簿保存法の概要

　帳簿や書類は原則として、紙で保存することが義務付けられています。このため、紙で授受した領収書や請求書等の原本はもちろん、パソコン等で作成した帳簿や書類も紙に印刷する必要があります。最長10年度分ともなれば量は膨大となり、保存場所確保のための費用がかかる、過去の取引を参照したいときに検索に時間と手間がかかる等事業者の負担となっていました。この負担を軽減するための特例が電子帳簿保存法で、帳簿や書類を電子データで保存する要件等を定めています（電帳法1）。

　また、電子帳簿保存法は、電子データで受け渡しした取引情報を電子データのままで保存する義務も定めています（電帳法7）。

(3) 電子帳簿保存法の対象者

　電子帳簿保存法の対象となるのは、法人税法や所得税法によって帳簿や書類を保存しなければならないとされているすべての法人や個人事業者です。資本金や売上金額[3]等による限定はありません。

(4) 帳簿や書類のデータ保存とは？

　帳簿や書類をデータ保存するときは、作成の過程や授受の方法によって

---

[3] 売上金額等によって保存要件が緩和される措置は用意されています（**1 2実務への影響** 参照）。

次の３つに区分され、それぞれ保存要件が定められています。

- パソコン等で作成した帳簿・書類
- 紙の資料をスキャナにより読み取ったデータ
- 電子データでやり取りする書類

◆パソコン等で作成した帳簿・書類

1 1(1) に記載した帳簿や書類で、自己が最初の段階から一貫してパソコン等で作成したものは印刷せず、電子データで保存することができます（電帳法4①）。

◆紙の資料をスキャナにより読み取ったデータ

紙で受領した請求書や領収書等の書類、あるいは自らが作成した請求書や領収書の写しはスキャナで読み取って電子データ化して保存することができます（電帳法4③）。保存要件を満たし、電子データに折れ曲がりがないか等を確認して電子データを保存すれば、原本の書類を廃棄しても差し支えありません。

◆電子取引データでやり取りする書類

電子取引データは上記の二つと異なり、やり取りの方法で区別されるものです。例えば次のようなやり取りが電子取引となります。

- 電子メールの本文に請求書の内容を書いて送った。
- 電子メールに領収書ファイルを添付した。
- EC サイトで備品等を購入し、領収書をダウンロードしたり、領収書に関する情報が表示された画面をスクリーンショットした。
- ECI 取引で授受した取引情報。

2023 年（令和 5 年）12 月 31 日までに行う電子取引については、電子データを印刷して保存し、税務調査等の際に提示・提出できるようにしていれば差し支えありませんでしたが、2024 年（令和 6 年）1 月からは保存

要件に従った電子データの保存が必須となりました（電帳法7）。受信側だけでなく送信側も保存が必要であることにご注意ください。

(5) 保存要件

手書きの領収書に不正に書き込みを行うとボールペンの色が微妙に異なる等何らかの痕跡が残りがちですが、データはそのような痕跡が残らないため、課税の公平が図られません。そこで、記録の改ざん等を防止するため、次のような保存要件があります。

◆パソコン等で作成した帳簿・書類

① システムの操作説明書や保存の事務手続を明らかにした書類等を備え付けておくこと。

② パソコン、ディスプレイ、プリンタを備え付けて、電子データを閲覧できるようにしておくこと。

③ データを整然とした形式及び明瞭な状態で速やかにディスプレイに表示したり印刷したりできるようにしておくこと。

④ 税務調査の際に税務職員から電子データの提示や提出を指示されたときは、応じることができるようにしておくこと。

◆スキャナ保存

スキャナ保存にはシステムの性能等にも要件があり、対応にはやや専門的な知識を要します。JIIMA認証のソフト等を使用したうえで、次のような運用体制を整えることをおすすめします。

① 書類を作成または受領してからおおむね7営業日以内にスキャナ保存する等入力期間の制限を守ること。

② 解像度やカラー等一定の機能を満たしたスキャナやスマートフォンで読み取ること。

③ スキャンしたデータに付した管理番号等によってそのデータに関連する帳簿の記録事項との関連性を確認できるようにしておくこと。

④ 14インチ以上等の要件を満たしたディスプレイを備え付けること。

第2節　改正電子帳簿保存法、電子インボイス等の法整備

⑤　システム概要書やスキャナ保存する手順、担当部署等を明らかにした書類を備え付けること。

◆電子取引データでやり取りする書類

①　データの改ざん防止措置を行うこと。

②　パソコン、ディスプレイ、プリンタを備え付けて、電子データを閲覧できるようにしておくこと。

③　検索機能を確保すること。

(6) 優良な電子帳簿とは？（電帳法8④）

　パソコン等で作成した帳簿のうち、記録したデータの訂正・削除の履歴を確認する機能や、記録したデータの検索機能を備えた会計ソフト（JIIMA認証を受けたソフト）で作成した電子帳簿を特に「優良な電子帳簿」と呼んで区別しています。「優良な電子帳簿」を備え付け、一定の届出書を法人税の申告期限までに提出した法人は、その帳簿に記載された事項に関して申告漏れがあった場合には、過少申告加算税（**１**■**(1)** ◆**違反したら**参照）が5％軽減される措置があります。

❷ 実務への影響

　実務に対する最も大きな影響は2024年（令和6年）1月1日から電子取引データ保存が必須となったことです。

(1) 電子取引データの保存

　請求書や領収書を電子メールで送信したり、ECサイトから領収書をダウンロードする等の電子取引は実務先行で広まり、印刷して保存したり、必要に応じてダウンロードし直す等が当然のように行われてきたことと思います。2024年（令和6年）1月1日より電子取引データの保存が必須とされたため、自社で保存が必要な電子取引データに漏れがないか、保存要件を満たしているか今一度確認を行ってください。

　保存要件については、売上高の低い事業者等対象者を限定して緩和する

29

第1章　建設業バックオフィスに関する法整備とその法的背景

措置があります。

原　則	① データの改ざん防止措置 ② パソコン、ディスプレイ、プリンタの備付け ③ 検索機能の確保
2事業年度前の売上高が 5,000万円以下の事業者	①、②は原則と同じ ③の検索機能は不要。ただし、税務調査時に調査担当者に データのコピーを提供できるようにしておくこと。

3 今後どのように対応していく必要があるのか

　上記の2の電子取引データ保存は必須となったため、最低限必要な対応ですが、経理業務のデジタル化の観点からは帳簿・書類の保存やスキャナ保存にも積極的に取り組む必要があります。実際の相談事例を検討したいと思います。

【相談事例】

　工事完了報告書をパソコンで作成し、発注元に郵送しています。工事名称や工事場所は入力するのですが、検査依頼日の欄は手書きです。検査依頼日が空欄のデータを工事完了報告書の控えとして保存することは可能でしょうか？

　この工事完了報告書のデータは相手方へ郵送したものと内容が異なるため、自己が最初の段階から一貫してパソコン等で作成したものとは言えません。そのため、データを控えとして保存することはできません。

　今後はデジタル化に向けてスキャナ保存も検討することとなります。電子帳簿保存に向けて業務フローを見直して、一貫してパソコンで作成できるよう変更するのもよいと思われます。

第2節　改正電子帳簿保存法、電子インボイス等の法整備

2　消費税インボイス制度の概要

　消費税インボイス制度（以下「インボイス制度」）は、仕入税額控除のための要件です。インボイス制度の理解のため、消費税の基本的な仕組みからインボイス制度の抱える問題点までを見ていきます。

1　インボイス制度の内容

　消費税の基本的な仕組みである仕入税額控除の理解がインボイス制度の理解に不可欠です。仕入税額控除からインボイス制度までを確認しましょう。

(1)　消費税の基本的な仕組み

　消費税は、消費一般に広く公平に課税する間接税で、消費者が負担し、事業者が納付します。

　ほぼすべての国内における商品の販売や資産の貸付け、サービスの提供及び輸入される外国貨物を課税対象とし、取引の各段階ごとに標準税率10％、軽減税率8％の税率で課税されます。

(2)　消費者が負担した消費税が納付されるまでの流れ

　次の図で、戸建て住宅を建築したときのお金の流れと消費税の納付の関係を確認してみましょう。

31

第 1 章　建設業バックオフィスに関する法整備とその法的背景

図表１：戸建て住宅を建築したときのお金の流れと消費税の納付の関係

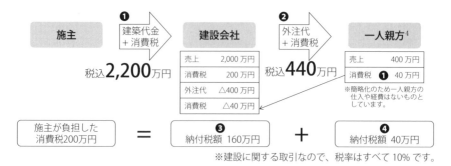

※建設に関する取引なので、税率はすべて10%です。

　施主が建設会社に税込み 2,200 万円の建築費を払います（❶）。

　建設会社はこの建築に当たって一人親方に税込み 440 万円の外注費を払いました（❷）ので、売上に係る消費税 200 万円から一人親方に支払った消費税 40 万円を控除して 160 万円を納税します（❸）。一人親方は税込みの外注代 440 万円のうち消費税 40 万円を納税します（❹）。一人親方が納税した 40 万円と建設会社が納税した 160 万円の合計が、消費者である施主が負担した消費税 200 万円となっています。

　この建設会社が計算したように売上に係る消費税額から仕入れに係る消費税額を控除する仕組みを「仕入税額控除」といいます。

(3) インボイス制度とは仕入税額控除の要件

　2023 年（令和 5 年）10 月 1 日より、インボイス制度がスタートしました。インボイス制度の正式名称は適格請求書等保存方式といい、上記の仕入税額控除を受けるための要件です。

　インボイス制度開始前に使われていた「区分記載請求書等」と「適格請求書等」を対比して、インボイス制度の特徴を確認しましょう。

---

[4] 一人親方も本来、仕入に係る消費税額があり、仕入税額控除を受けられますが、本図では簡略化のため省略しています。

第2節　改正電子帳簿保存法、電子インボイス等の法整備

	区分記載請求書等	適格請求書等
交付できるのは？	誰でも交付できる。	税務署長の登録を受けた適格請求書発行事業者のみ。
登録番号の有無	登録制度がないので、登録番号の記載なし。	書類の作成者の登録番号を適格請求書等に記載。
対価や税額の記載事項の違い	●税率ごとに合計した課税資産の譲渡等の税込価額	●税率ごとに区分した課税資産の譲渡等の税抜価額または税込価額の合計額及び適用税率 ●税率ごとに区分した消費税額等
データでの交付・保存	やむを得ない事情がある場合として扱われていた。	紙による交付に代えてデータの提供・保存もできる※。
交付を受けた者における追記の可否	交付を受けた者が「軽減税率対象資産の譲渡等である旨」を追記することは認められている。	原則として適格請求書を交付した者が修正した適格請求書等を交付する。
帳簿の記載事項	①　取引の相手方の氏名または名称　②取引年月日 ③　取引内容 　　（軽減税率対象資産の譲渡等である場合にはその旨） ④　税率の異なるごとに区分した取引金額	
保存期間	課税期間の末日の翌日から2か月を経過した日から7年間	

※スキャナ保存も可能です。

2 実務への影響

　インボイス制度の最大の影響は適格請求書発行事業者の登録をしない事業者が取引から排除される可能性ですが、実務上、経理担当者や購買担当者の大きな負担となるのは外注先や経費の支払先が適格請求書発行事業者かどうかの確認や適格請求書発行事業者でない場合の個別の対応に係る作業です。

(1) 適格請求書発行事業者以外への発注で納付税額が増加

　図表1で一人親方が適格請求書発行事業者でない場合の建設会社の納付税額がどうなるか着目してみましょう。

33

図表2：一人親方が適格請求書発行事業者でない場合の建設会社の納付税額

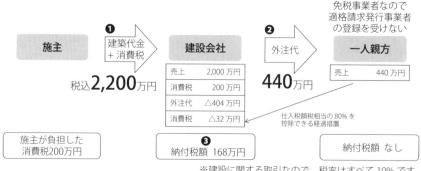

※建設に関する取引なので、税率はすべて10％です。

図表1では160万円だった建設会社の納付税額が168万円に増加しています。

(2) 一人親方に適格請求書発行事業者の登録を受けるよう要請するときの注意点

上記のような納付税額の増加を避けるため、経理担当者や購買担当者は個人事業者一人一人に対して「適格請求書等発行事業者の登録を受けてほしい」「不備のない適格請求書等を交付してほしい」「適格請求書発行事業者の登録を受けない場合の発注金額を減額したい」等の交渉を現在も続けていることと思います。

公正取引委員会はこのような交渉を発注者という優位な立場を利用して行うことのないよう注意喚起し、事例の公表も行っています。

一方で、深刻な人手不足の影響により「適格請求書発行事業者の登録を受けない事業者であっても、仕事を請けてもらえなくなると困るから値引きの交渉は難しい」という声も建設業界の一部で聞かれます。

(3) 営業経費

インボイス制度は一人親方への外注だけではなく、日々の営業活動のための旅費交通費、交際費等の支払い1件1件にも関わります。ただし、その影響の範囲は消費税の仕入税額控除の制限のみであり、利益の計算にお

いて経費となることに変わりはありません。

　適格請求書発行事業者以外の事業者への支払いは経費として認めないというルールを検討する企業もあるようですが、行き過ぎた選別を引き起こしていないか等点検も必要であると思われます。

(4) 経理処理の煩雑化

　小口現金からの支払いのような比較的少額な領収書1枚であっても、経理担当者は次のような区別をして会計ソフト入力を行わなければなりません。

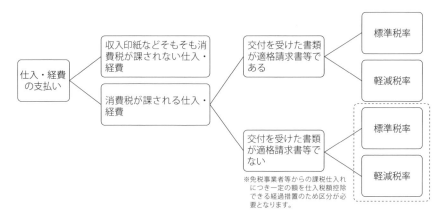

※簡易課税や2割特例の適用を受ける場合はこれらの区分は不要です。また、基準期間における課税売上高が1億円未満等の事業者は税込み1万円未満の課税仕入れについては帳簿の記載のみで仕入税額控除を受けられる経過措置があります。

3 今後どのように対応していく必要があるのか

　上記2で示したように、インボイス制度の導入によって消費税が課される取引について交付を受けた書類が適格請求書か否かの区別に加え、それぞれで消費税率の区別も必要となり、経理業務がいっそう煩雑となります。

　一方で、書類の交付・保存を電子データで行うことも正式に認められ、電子帳簿保存のハードルも下がりました。システム化により経理処理煩雑化の解消を図る仕組みの構築が急がれます。

第2章

バックオフィス DX の環境整備

第1節

建設業の業務効率化のカギを握る デジタルインボイス
デジタルインボイス推進協議会（EIPA）

1 EIPA

　EIPA は、社会全体のデジタルトランスフォーメーション（DX）を目指すことを目的として 2020 年 6 月に設立された「社会的システム・デジタル化研究会」の下部組織として、国内の会計システムベンダーやクラウド請求書サービスベンダー 10 社（株式会社インフォマート、SAP ジャパン株式会社、株式会社オービックビジネスコンサルタント、株式会社スカイコム、株式会社 TKC、トレードシフトジャパン株式会社、ピー・シー・エー株式会社、株式会社マネーフォワード、株式会社ミロク情報サービス、弥生株式会社（50 音順））が設立発起人となり、同年 7 月に設立されました[1]。

　設立時の名称は、「電子インボイス推進協議会」（英語名称：E-Invoice Promotion Association, EIPA）でしたが、『日本全体の商取引において、単純に紙を「電子化」（Digitization）するだけではなく、デジタルを前提とし業務のあり方も見直す「デジタル化」（Digitalization）を進めるべき』との考えから、2022 年 6 月に現在のデジタルインボイス推進協議会（英語名称は変更なし）に改称されました。

　2024 年 2 月 7 日現在、195 社・9 名（内：正会員 187 社、特別会員（団体）8 社、特別会員（個人）9 名）が会員として名を連ねており、標準化・全体最適化され、現行の制度・仕組みからの移行可能性に配慮されたデジタ

---

[1] 参考：EIPA HP　https://www.eipa.jp/

ルインボイス・システムの構築・普及を通じて、商取引全体のデジタル化と生産性向上に貢献することを目指して活動しています。

2 デジタルインボイス

　デジタルインボイスとは、標準化され、構造化された電子インボイスのことです。近年、請求書を PDF に変換し、電子メールで送信する「電子化」が増えていますが、デジタルインボイスは、デジタルデータによる請求書（インボイス）の発行・受取が可能な手段です。

　PDF による「電子化」と違い、発行側のシステムから受取側のシステムに対して、データで連携されるため、人の手を介する必要がありません。発行側の事業者は、請求書作成〜発行において、また受取側の事業者は、後工程である会計や支払業務等において、大幅な業務効率化が期待できます。

　しかし、もちろんデジタルインボイスが普及しなければ、このような世界は見えてきません。海外では国を挙げて、デジタルインボイスの普及を目指しており、そのスピードは加速しています。例えばシンガポールでは、参加事業者数が 1,500 社（2020 年 3 月）から 52,000 社（2022 年 9 月）超えとなり、全事業者（約 300,000 社）の約 6 分の 1 へ普及しています。

　デジタルインボイスの普及に重要となるのは、システムベンダーが共通に使用できる標準仕様の存在です。デジタルインボイス推進協議会（以下「EIPA」）は、中小・小規模事業者から大企業に至るまで幅広く、容易に、かつ低コストで利用でき、加えてグローバルな取引にも対応できる仕組みとするために、2020 年 12 月に欧州各国をはじめ、上述のシンガポール、オーストラリアなどで採用されている国際的な標準仕様である「Peppol（ペポル）」を採用しました。そして、Peppol に準拠したデジタルインボイスの「日本標準仕様」の策定を決定、発表しました[2]。

第 2 章　バックオフィス DX の環境整備

3 Peppol

　Peppol とは、インターネット上でデジタルドキュメントをやり取りするための「文書仕様」、「運用ルール」、「ネットワーク」のグローバルな標準仕様であり、OpenPeppol（ベルギーの国際的非営利組織）がその管理等を行っており、日本では、デジタル庁が国内における Peppol の管理・運用等を行う Peppol Authority となっています。

　Peppol ユーザーは、Peppol Service Provider として認定されているアクセスポイントを経て、Peppol のネットワークに接続することで、業種・業態や企業規模に関係なく、参加するすべてのユーザーとデジタルインボイスのやり取りが可能になります。「4 コーナーモデル」と呼ばれるアーキテクチャを採用していますが、ユーザーは深く仕組みを理解する必要はありません。利用イメージは、メールアドレスがあれば誰とでもやり取りできる電子メールと同じと理解してください。

　Peppol は国際的な標準仕様であるため、そのままの仕様で使えるわけではありません。日本でも各種法令や商習慣に対応した「日本標準仕様」の策定が必要でした。例えば、欧州等では、一回の取引ごとに請求書を発行する「都度請求（1 納品書＝ 1 請求書）」が一般的ですが、日本では、「一括請求（N 納品書＝ 1 請求書）」が一般的であるため、それにも対応できるような仕様でなければなりませんでした。この日本版 Peppol の策定にデジタル庁の主導の下、EIPA が民間の立場から支援しながら取り組み、デジタル庁は、2022 年 10 月 28 日に「Peppol BIS Standard Invoice JP PINT Version1.0」（以下「JP PINT」）を公表しました[3]。

---

[2] 参考：電子インボイス推進協議会（現 EIPA）発行プレスリリース「電子インボイスの普及に向けて、国際規格「Peppol（ペポル）」に準拠した「日本標準仕様」策定を決定」（2020 年 12 月 14 日）
https://www.saj.or.jp/documents/activity/project/eipa/20201214_EIPA_pressrelease.pdf
[3] 参考：デジタル庁 HP　https://www.digital.go.jp/policies/electronic_invoice

図表：Peppol の仕組みで採用されている 4 コーナーモデル

出所：EIPA ホームページ

4 デジタルインボイスを活用するメリット

　日本の商取引では、業界独自の EDI を構築しデジタル化を図る業界も
ありますが、見積り〜受発注〜請求〜支払い／入金消込業務は、中小企業
を中心に概ね、紙と手作業で行われており、アナログ文化が色濃く残って
います。請求業務だけを見てみても、紙の請求書を印刷し、封筒サイズに
折り畳み、封入封かんして、切手を貼り、ポストに投函してと、これを経
理部門は、月初に数日かけて取引先数の分だけ対応します。数社であれば
問題ありませんが、100 社を超えてくると、土日出勤や長時間残業、数日
間、ある部屋にこもって請求作業に没頭する、といった話もよく聞きま
す。この紙と手作業が事業者の生産性向上を妨げる根源となっています。
また、社内システム間のデータ連携、そして社外とのデータ連携が進んで
いないことも生産性を下げる原因です。社内に存在するデジタルデータ
を、人を介し、わざわざ紙にアウトプットして、取引先に送り、取引先は

またそれを自社システムに入力する。入力の手間はもちろん、誤入力なども発生しますので、決して生産性が高いとは言えません。生産性向上のためには、一気通貫でのデータ連携が必要であり、そのためにデジタルインボイスは欠かせません。

　具体的にデジタルインボイス利活用の効果やメリットを見てみると、まず、発行側において、上述したような請求書の印刷〜封入封かん〜郵送の作業が一掃されるため、作業時間の大幅短縮、郵送コストなどの経費を大幅に削減できます。また、封入間違い等のリスクやチェックがなくなり、人的ミスが削減されます。発行後の管理が簡単で、保存場所も不要になります。

　一方、受取側では、即座にインボイスを受け取ることができるため、月次決算が早期化し、タイムリーな経営判断が可能になります。また、内部統制強化にも寄与し、発行側同様に保管が楽になるといったメリットもあります。そして、デジタルインボイスの一番のメリットといってもいいのが、後続業務となる会計、支払い、入金消込の業務においてです。デジタルデータでやり取りするため、システムによる自動的な仕訳計上が可能になり、会計システムへの入力作業が不要となります。また、請求データから支払処理につなげるため支払業務も効率化します。そして、デジタルインボイスに請求IDを付与し、全銀EDIシステムでの振込データと連携すれば、入金消込にも有効です。1件1件、目検し、ベテランの経理パーソンでなければ難しい入金消込業務も自動的に行えるようになります。このように、デジタルインボイスにより、経理に係る業務を単体で効率化するのではなく、業務全体の効率化が実現できるようになります。

図表：デジタルインボイス発行〜全銀EDIでの振込データの連携まで全体像

売り手事業者

| 商品の受注 | ← | | ← | 商品の発注 |

買い手事業者

| 商品の納品 | → | | → | 商品の検収 |

自動仕訳

| 売掛計上 | ← | 請求 | | 請求受領 |

①デジタルインボイスの発行
（請求ID: 12345）

自動仕訳

| 買掛計上 |

| 入金消込 |

| 支払処理 |

⑤入金データ連携
（請求ID: 12345）

②振込依頼
（請求ID: 12345）

③全銀EDIシステムでの振込データの連携（請求ID: 12345）

| B銀行 | ← ④振込 | A銀行 |

出所：EIPA 広報資料

EIPA の幹事会社であるインフォマート社が行った建設業に従事している会社員約360名に行ったインターネット調査[4]では、回答者の約4割が請求書の受け渡しを「紙」で行っており、6割以上が請求書のシステム転記を「手作業」で行っていると回答しています。その他、営業担当の約3割が「書類のやり取りのための移動」に1日3時間以上費やす、といった紙が原因となる非効率な業務が発生しています。このような結果から、建設業界で早期にデジタルインボイスが普及し、効率化が進むことが望まれます。

インボイス制度や電子帳簿保存法の改正などの法令対応は、企業が業務効率化を図るための絶好の機会に違いありません。企業の皆様には、法令対応にネガティブな思いを持つのではなく、「デジタルインボイスで業務効率化ができるチャンスだ」というポジティブな見方をしていただきたいと思っています。

◆デジタルインボイスから生まれる新しいサービス

また、デジタルインボイスにより、様々な新しいサービスが生まれることも期待されます。発行したデジタルインボイスをデータとして金融機関

---

[4] 参考：インフォマート社プレスリリース：https://corp.infomart.co.jp/news/20230615_5119

第2章　バックオフィス DX の環境整備

と共有し、これに基づいて、金融機関がリアルタイムで与信判断、融資を実行するといった利便性の高い金融サービスの登場が考えられます。売り手は、従来、入金を受けるのに1～3か月かかっていた資金回収が即座に行え、次のビジネスへの資金投下が可能となることが期待されます。今後、デジタルインボイスの導入が加速化すると、他にも新しい付加価値をもたらすサービスが生まれてくるかもしれません。

5 デジタルインボイス普及の先にあるもの

　日本における Peppol Service Provider は、2024 年 3 月 6 日現在、36 社が認定済みとなっています。各ベンダーによる Peppol（JP PINT）に対応するサービスも徐々に世に出始めていますが、上述のような、デジタル化の恩恵を受けるためには「デジタルインボイスの普及」は欠かせません。海外では、イタリアやインドなど、デジタルインボイスを義務化している国がある一方、日本ではインボイス制度対応は義務であっても、デジタルインボイスは任意です。だからこそ、EIPA は、会員によるサービスの提供はもちろん、事業者の皆さまにデジタルインボイス活用のメリットを感じていただけるような情報の発信などを通じて、大きなミッションである「デジタルインボイスの普及」に力を注いでいきます。

　デジタルインボイスが普及し、社会的インフラの役割を担うまでになれば、請求に係るプロセスのデジタル化の次ステップである、請求より前のプロセスである「契約」や「受発注」といったプロセスのデジタル化が促され「取引全体のデジタル化」が進むことが期待されます。それはつまり『日本社会全体の効率化』へとつながっていくでしょう。

44

第2節

JIIMA 認証制度

公益社団法人　日本文書情報マネジメント協会（JIIMA）
専務理事　甲斐荘　博司

1　JIIMA 認証制度の経緯と概要

1　認証制度の経緯

(1) スキャナ保存ソフト認証

　2005年（平成17年）度の電子帳簿保存法（以下、「電帳法」）改正で、外部から受領等した紙の請求書や領収書などを、スキャナ等で読み取り、電子データとして保存（スキャナ保存）することが認められることになりました。

　しかし、改正当時のスキャナ保存制度は、保存要件が複雑で厳しかったこともあり、ほとんど利用されていなかったのが実態でした。その後、2015年（平成27年）度の改正により要件緩和が行われ、その後も毎年のように保存要件の見直しがあり利用促進が期待されましたが、それでも承認件数は数千件程度で、普及している状況とは言えませんでした。

　そこで公益社団法人日本文書情報マネジメント協会（JIIMA）では、事業者が正しく、安心してスキャナ保存制度を導入できるよう、2016年（平成28年）10月より最初の電帳法関連の認証制度である「スキャナ保存ソフト法的要件認証制度」（以下「スキャナ保存ソフト認証」）を立ち上げました。この制度は、国税関係書類のスキャナ保存を行う市販のソフトウェア等が電帳法の保存要件を満たしているかを公正な立場でチェックし、法的要件を満足していると判断したものを認証し、公表するものです。

45

(2) 電子帳簿ソフト認証

　スキャナ保存ソフト認証を始めた直後に、国税庁から電帳法の要件を満たさない「会計ソフト」の利用者が、誤って帳簿を電子保存することがないよう、会計ソフトベンダーにその旨を製品表示させることの周知依頼がありました。JIIMA ではこの依頼にもとづき公式サイトで周知を行いましたが、会計ソフトベンダーが自らの製品が電帳法に準拠していないとしても、その旨を表示することはまず考えられないので、実際にはこの依頼は実現しなかったと思われます。しかし、このことで電帳法の要件を満たさない「会計ソフト」の存在を JIIMA が認識したきっかけとなりました。

　また、2018 年（平成 30 年）度の税制改正で、2020 年（令和 2 年）4 月より資本金が 1 億円を超える大法人の法人税等の申告について電子申告「e-Tax」の義務化が決定されました。さらに財務省では中小法人についても将来的に「e-Tax」義務化を前提にしていることが、2018 年（平成 30 年）3 月末改定の「行政手続コスト削減のための基本計画」に記述されており、企業の規模に関係なく「e-Tax」義務化を視野に入れていることがわかりました。

　そこで、JIIMA では、電子申告するためには電帳法に則って正しく国税関係帳簿を作成・保存する必要があるとの認識のもと、事業者に安心して会計ソフトや電子帳票システム等を利用していただくために、2018 年（平成 30 年）12 月より「電子帳簿ソフト法的要件認証制度」（以下「電子帳簿ソフト認証」）を立ち上げました。この制度は、国税関係帳簿を電子的に作成・保存する市販のソフトウェア等が、電帳法の保存要件を満たしているかを公正な立場でチェックし、法的要件を満足していると判断したものを認証し、公表するものです。

（3）電子取引ソフト認証と電子書類ソフト認証

　2020年（令和2年）4月に新型コロナウイルス感染症の蔓延による緊急事態宣言が発出されたことで、これまでなかなか浸透してこなかったテレワークを余儀なくされ、業務の電子化が喫緊の課題となりました。これまでも、事業者やベンダー企業から電子取引の取引データを電帳法に則って電子保存したいが、JIIMA認証ではどの制度が適用できるかとの問合わせが多少はありましたが、緊急事態宣言以降、これらの問合せが殺到することとなりました。また、2021年（令和3年）度の電帳法改正で、電子取引の取引データの出力書面による保存措置が廃止されたことにより、2022年（令和4年）1月1日から取引データの電子保存が義務化となり、正しく電帳法の保存要件に沿って電子保存することが求められることになりました。ただし、その準備期間が短かったこともあり、その後の宥恕措置によって2023年（令和5年）12月31日まで書面出力による保存が許容されました。

　さらに2023年（令和5年）10月1日のインボイス制度導入に向けて電子インボイスの標準化検討も進んでいたこともあり、ますます電子取引のニーズが高まるものと考えられました。また、アフター・コロナを見据えると、業務のデジタル化による効率化は、待ったなしで広く社会の取り組むべき課題となっていました。

　JIIMAとしても、さらなる電帳法の普及促進のため、電帳法がカバーしている帳簿書類等の電子データによる保存方法のうち、残る「電子取引の取引データ」と「自己が一貫してコンピュータで作成する書類」についても、新たな認証制度を始めるべく国税庁とも調整の上準備を行っていました。そして、2021年（令和3年）4月より「電子取引ソフト法的要件認証制度」（以下「電子取引ソフト認証」）と、「電子書類ソフト法的要件認証制度」（以下「電子書類ソフト認証」）の二つの認証制度を立ち上げ、公式サイトで公開すると同時に申請の受付を開始しました。

② 認証制度の概要

　JIIMA では、一般に市販されている経費精算システムや、会計ソフト等を対象に、電帳法に対応するというソフトウェア及びソフトウェアサービス（以下「ソフト製品」）の機能仕様を製品マニュアル等でチェックし、法的要件を満足していると判断したものを認証し、公表しています。これにより、それらのソフト製品を導入する事業者は、電帳法及びその他の税法が要求している要件を個々にチェックする必要がなく、安心して導入することができます。

　ソフト製品の認証に当たっては、電帳法、電帳法施行規則、及び国税庁取扱通達・一問一答（Q&A）やその他税法が要求する機能要件を網羅した機能チェックリストをあらかじめ作成し、それにもとづきソフト製品の製品マニュアルなどに記載されている機能を確認し、評価しています。評価手順としては、まず公平な立場の第三者機関に機能評価を委託し、必要な機能をすべて備えていることを確認したうえで、大学教授や弁護士、公認会計士・税理士の有識者で構成する認証審査委員会で審議し、全員の承認をもって認証合格としています。

　また、認証したソフト製品は、JIIMA 公式サイトで「認証製品一覧」として公表すると同時に、製品マニュアルや評価済み機能チェックリストを国税庁に提出し、国税庁では公式サイトに「JIIMA 認証情報リスト」として JIIMA 公式サイト「認証製品一覧」のリンク情報を掲載していただいています。

- スキャナ保存ソフト法的要件認証製品一覧

  【2024 年（令和 6 年）2 月末現在：217 製品】

  https://www.jiima.or.jp/certification/denchouhou/software_list/
- 電子帳簿ソフト法的要件認証製品一覧

  【2024 年（令和 6 年）2 月末現在：138 製品】

  https://www.jiima.or.jp/certification/denshichoubo_soft/list/
- 電子取引ソフト法的要件認証製品一覧

  【2024 年（令和 6 年）2 月末現在：231 製品】

  https://www.jiima.or.jp/certification/denshitorihiki/list/
- 電子書類ソフト法的要件認証製品一覧

  【2024 年（令和 6 年）2 月末現在：89 製品】

  https://www.jiima.or.jp/certification/denshishorui/list/

3 認証制度のフロー

① JIIMA 事務局は、認証を受けようとする事業者から申請書と審査資料（記入済み機能チェックリストとマニュアル等）を受け付け、これを JIIMA 認証審査委員会に報告する。

② JIIMA 事務局は、審査資料を評価機関に送付し評価を依頼する。

③ 評価機関は、申請者が提出した審査資料を確認して認証基準に合致しているかを評価し、その評価結果を JIIMA 事務局に提出する。

④ JIIMA 事務局は、認証審査委員会に評価結果を提出し、認証審査委員会は、その合否を審議・判断し、その結果を JIIMA 事務局に報告する。

⑤ JIIMA 事務局は、認証結果を申請者に通知する。適合の場合、国税庁に報告すると共に、JIIMA 公式サイトの認証製品一覧で公表する。

第2章　バックオフィスDXの環境整備

図表：認証フロー

4 認証ロゴ

　認証したソフト製品には、次のような認証ロゴの表示を認めています。認証ロゴは、認証製品の製品パッケージ、製品マニュアル、広告、ハンドアウト、Webサイト等に使用が可能です。認証ロゴが付けられたソフト製品がJIIMA認証を取得した製品とわかりますので、認証製品一覧と併せて確認をしていただき、導入を検討していただければと思います。

　なお、スキャナ保存ソフト認証のロゴについては、2021年（令和3年）度改正基準の認証から下記の通り変更しました（タイプAまたはタイプBは、ベンダーが任意に選択可能）。

第 2 節　JIIMA 認証制度

① スキャナ保存ソフト認証ロゴ

（タイプA）	（タイプB）	（タイプA）	（タイプB）

【令和元年度改正基準までのロゴ】		【令和3年度改正基準以降のロゴ】	

② 電子帳簿ソフト認証ロゴ

（タイプA）	（タイプB）	（タイプA）	（タイプB）
【パターン1】		【パターン2】	

※ 電子帳簿ソフト認証には2種類の種別があります。
　・パターン1：電子帳簿の作成・保存（会計ソフト等）
　・パターン2：電子帳簿の保存のみ（電子帳票システム等）

③ 電子取引ソフト認証ロゴ

（タイプA）	（タイプB）

④ 電子書類ソフト認証ロゴ

（タイプA）（タイプB）	（タイプA）（タイプB）	（タイプA）（タイプB）
【パターン1】	【パターン2】	【パターン3】

※ 電子書類ソフト認証には3種類の種別があります。
・パターン1：決算関係書類の作成・保存（会計ソフト等）
・パターン2：取引関係書類の作成・保存（販売管理システム等）
・パターン3：取引関係書類の保存のみ（電子帳票システム等）

5 認証種別とパターン別対象ソフト

以上の通り、電子帳簿ソフト認証と電子書類ソフト認証には、それぞれ2つと3つのパターンがあり、その他の認証種別と併せて対象ソフトをまとめると、下表の通りになります。

図表：認証種別とパターン別対象ソフト

認証種別	根拠となる電帳法	帳簿・書類の種別	対象データ	対象ソフト
電子帳簿ソフト認証	第4条第1項	国税関係帳簿（仕訳帳、総勘定元帳、補助簿等）	最初の記録段階から一貫してコンピュータで作成した帳簿データ	（パターン1：帳簿の作成・保存）会計ソフト等 （パターン2：帳簿の保存のみ）電子帳票システム等
電子書類ソフト認証	第4条第2項	国税関係書類（決算関係書類、見積書、請求書、領収書等）	一貫してコンピュータで作成し、書面で発行（送付）した場合の、書類データ（控）	（パターン1：決算関係書類）会計ソフト等 （パターン2：書類の作成・保存）販売管理システム等 （パターン3：書類の保存のみ）電子帳票システム等
スキャナ保存ソフト認証	第4条第3項	国税関係書類（契約書、見積書、請求書、領収書等）	書面で発行、または受領し、スキャンした書類データ	文書管理システム、経費精算システム等
電子取引ソフト認証	第7条	電子取引の取引情報（取引書類に通常記載される事項）	電子データで授受した取引データ	電子請求書発行サービス、電子契約サービス、EDI取引システム、文書管理システム等

第2節　JIIMA認証制度

6 JIIMA認証の注意事項

　JIIMA認証では、電帳法の保存要件を満たすための機能を有しているかを、機能チェックリストに基づき、ユーザーに提供される製品マニュアル等で審査を行います。したがって、JIIMAでは製品の動作確認や、バグ等の品質保証は行いませんので、製品マニュアルと実際のシステム機能の同一性や、バージョンアップ時の機能維持はベンダー側の責任で担保していただくことになります。なお、認証の有効期限を3年としていますので、その間に保存要件に関係する法令改正や機能変更が無い限り、3年ごとに更新審査を行うことになっています。

　また、電帳法が求める保存要件には、事務手続関係書類の備付け等、JIIMA認証が評価するシステム機能以外の要件もあり、それらを含めすべての要件を満たす必要がありますので、導入時は注意が必要です。なお、JIIMA認証では、これらの注意事項を特記事項として製品マニュアル等に記載することを前提としてベンダーに求めていますので、導入する際は製品マニュアル等を確認して事業者側で書類の備付け等の準備が必要です。

2 JIIMA認証制度の2023年（令和5年）度改正対応

　2023年（令和5年）度改正が、2024年（令和6年）1月1日に施行されましたので、すべてのJIIMA認証制度の認証基準（機能チェックリスト）を2023年（令和5年）度改正対応に改訂しました。

　なお、今回の改正で制定される優良な電子帳簿に対するインセンティブ措置について、現行の電子帳簿ソフト認証の要件でもすでに優良な電子帳簿に該当しており、2023年（令和5年）度改正対応の電子帳簿ソフト認証でも該当することになります。しかし、インセンティブ措置の適用を受け

第2章 バックオフィス DX の環境整備

るためには、あらかじめ届出書を所轄税務署長等に提出し、法人税法等で備付け、保存が義務付けられている主要簿及びその他必要な帳簿が優良な電子帳簿である必要があります。

第3節

業界共通の制度インフラとしての
建設キャリアアップシステム

一般財団法人 建設業振興基金
建設キャリアアップシステム事業本部長 長谷川 周夫

1 導入の経緯

　建設キャリアアップシステム（Construction Career Up System（CCUS））は、建設技能者の処遇改善と現場管理の効率化等を通じた生産性向上を図ることを主な目的として、建設技能者の保有資格や社会保険加入状況等の基本情報を登録するとともに、日々の就業履歴等を蓄積するシステムです。

　本システム導入の背景には、人手不足の深刻化があります。我が国が本格的な人口減少社会に突入する中、今後の建設業の担い手の確保と育成が、業界最大の課題となっています。このため特に2010年代に入ってから、関係各方面において、ICTを活用した建設技能者の就業履歴等を蓄積する新たな仕組みについての検討が精力的に行われてきました。2015年8月には、国土交通省、関係機関等により、「建設キャリアアップシステムの構築に向けた官民コンソーシアム」が組織され、制度創設に向けて本格的な検討を開始しました。また、翌2016年4月に同コンソーシアムにおいて「建設キャリアアップシステム基本計画」が策定され、CCUSの導入が決定されました。その後、運営主体を（一財）建設業振興基金とするとともに、「官民コンソーシアム」を発展的に改組し、本システム運営に関する基本的事項を決定し普及促進を図るための組織として「建設キャリアアップシステム運営協議会」が設置され、2019年4月から本格運用が始まりました。2024年3月末で技能者約140万人、事業者約17万社、一

第2章　バックオフィスDXの環境整備

人親方約9万者が登録済みであり、就業履歴の蓄積も着実に進んでいます。

2 建設生産の特徴と建設技能者の働き方

CCUSには、以下に述べるような建設生産の特徴や建設技能者の働き方を踏まえ、建設技能者の処遇改善等の喫緊の課題をデジタル技術の活用により解決していくという考え方が根底にあります。

◼️ 建設生産の特徴と産業構造

建設業は、点在する現場ごとにその都度必要な体制を組織して対応する生産システムを基本としています。大きくは土木、建築に分けられますが、その生産する工作物は大規模なものから小規模なものまで多岐にわたるとともに、生産活動はまさにその工作物が存在する場所で主として行われます。こうした現場単品受注生産という特性を背景に、各工種の専門化の進展や需要の繁閑への対応などのため、各企業においては自前の生産能力は一定程度にとどめ、相当程度を下請企業にアウトソーシングし、下請企業もさらにアウトソーシングすることが通例となっています。これは建設生産を担う総合工事業者、専門工事業者などの各主体が、経済合理的な選択を行った結果とも言えますが、時に行き過ぎた重層下請構造を招いているとも指摘されています。

また2019年（令和元年）度「建設業構造実態調査」（国土交通省）より、専門工事企業の元請・上位下請への専属率を見てみると、上位1社への専属率70%以上の企業は2割程度にとどまっており、多くの下請企業が特定の元請や上位下請のみと取引しているわけではないことが数値上も見て取れます。

このように、建設業の産業構造は、1社を頂点としたピラミッド構造というよりは、元請と一次下請、さらにその先の取引関係も含め、重層構造の各段階で多種多様なプレーヤーが相互に関わる、N対N（多対多）構造

56

になっていると言えるでしょう。

② 建設技能者の働き方

　このような産業構造のため、特に生産の現場を支える建設技能者は、必然的に現場横断的、企業横断的に働く方々が多くなっています。各種統計上はいわゆる「正社員」に区分されていても、現場での就労の形態は、「雇用」（労働者）か「請負」（一人親方）かが判然としないケースや、以前より減少してきているとはいえ、賃金支給形態も日給月給制が過半を占めるなど、仕事の多寡が収入に直結するような働き方となっているケースも多くなっています。このような働き方は、企業や工事の規模に関わらす、多くの土木、建築の建設現場において、ある程度共通して見られる特徴であると思われます。

　なお最近では、他産業においても、「フリーランス」、「兼業・副業」といった働き方が増加してきており、今後は、建設業に限らず我が国全体で働き方の流動化が進んでいく兆しも見られます。

③ 建設技能者の処遇改善の必要性

　我が国は人口減少社会に本格的に突入しつつあり、建設業界における人手不足は今後一層深刻化するおそれがあります。加えて2024年4月からは、建設業界に対して5年間猶予されていた、罰則付きの時間外労働上限規制が施行されることから、人数的にも時間的にも、投入できる労働力への制約はますます大きくなっていくと思われます。

　このような状況に対応するため、日々進歩するデジタル技術を活用しi-Construction、BIM/CIM、AI（人工知能）の活用など、建設DX（デジタルトランスフォーメーション）の取組みが進展しており、これにより建設生産プロセスの中での省人化等の生産性向上効果が期待されるところです。しかしながら建設生産は、異なる現場で一品ごとに作りこんでいくも

のなので、省人化が一定程度進んだとしても、人の手に頼らなければならない場面は多く、建設生産プロセスの中で、今後とも建設技能者が果たす役割は大きいものと考えられます。にもかかわらず、建設技能者の賃金水準は近年上昇してきたとはいえ他産業からは依然として見劣りし、また他産業より長時間労働となっている傾向が続いています。したがって、これからの建設業を支える担い手を確保・育成していくためには、まず何よりも、建設業に従事する者の賃金引上げや週休２日の確保、労働時間短縮をはじめとした処遇改善・働き方改革の推進が急務です。また併せて働き方のいかんにかかわらず、働き手に対するセーフティネット（社会保険、退職金等）の確保に留意するとともに、正社員として雇用すべき場合は正社員とするなど、労働環境の整備に努めていくことが重要です。

４ 建設技能者の処遇改善のための基本的道筋（「転嫁（＝好循環）」と「生産性向上」）とCCUS

　処遇改善のために最も重要なことは、賃金の原資となる労務費が、各企業間の取引の段階においてしっかりと確保されることです。したがって、下請が元請に、元請が発注者に、それぞれ必要な労務費を確保できるよう、適正な契約のもと所要経費を「転嫁」していくことが不可欠となります。転嫁が円滑に行われるためには技能者の能力向上など人への投資や担い手育成に熱心に取り組み、高い施工能力を有する優良な企業が適切に評価され、受注機会の増加、請負単価のアップにつながり、それにより処遇改善の原資が確保されるという好循環が実現することが望まれます。好循環の実現には、個々の企業の取組みはもちろん重要ですが、発注者まで含めた供給網（サプライチェーン）全体で取り組む必要があります。CCUSは、技能者の能力・経験やその技能者を雇用する企業の施工能力等を対外的にわかりやすく示すことができます。CCUSは、優秀な技能者の立場を強くし、そのような技能者を大切に育てる企業の立場を強くするツールで

あるとも言えます。このようにCCUSがサプライチェーン内における好循環を実現するうえで大きな役割を果たすことが期待されています。

処遇改善のためのもう1つの重要な柱は、その原資を得るための「生産性の向上」です。生産性とは、投入量（分母）に対する産出量または付加価値（分子）の比率であり、投入量を、労働にすれば労働生産性、資本にすれば資本生産性となります。人口減少の中、今後建設業は投入できる労働量の制約がますます大きくなっていきますので、特に他産業と比べて低いとされる労働生産性の向上が何よりも重要です。労働生産性は、現場レベルから企業レベル、さらに個々の企業を超えた業界レベル、市場レベルまで、換言すればミクロからマクロの範囲で見ていく必要があります。先ほど述べたi-Construction、BIM/CIMといった取組みは主として現場レベルでの生産性向上を目指すものと言えます。また、単品受注生産である建設業の宿命として需要の繁閑がある程度避けられない中で、稼働率が不安定であることは、労働生産性を損なう最大の要因です。現場レベルで行われている山崩しや、あるいは多能工化など取組みも、稼働率安定化のための対策です。企業レベルでは、例えば現場労働者の賃金を日給月給にしたり、自ら直接所有する生産資源は必要最小限に抑え、必要な都度、アウトソーシングしたりする対応ですが、これが重層下請構造を招いてきたことは前に述べた通りであり、これによる弊害については改善が求められます。また公共発注者により進められている発注の平準化は、需要サイドからの稼働率の安定・向上をうながす市場レベルでの生産性向上の取組みと言えるでしょう。

建設企業の多くは中小企業であり、建設DXによる生産性向上の取組みは大企業に比べ遅れがちです。今後は中小建設企業こそ、個別業務だけでなく業務プロセス全体を見渡したうえで、建設DXにより、フロント部門だけでなくバックオフィス部門も含め、個々の企業のみならず取引先やさらに業界全体を視野に入れた、単なる人員合理化ではなく働く人を大切に

第2章　バックオフィスDXの環境整備

する生産性向上の取組みが一層重要になってくると思われます。CCUS
は、主に建設技能者に関する情報を取り扱う業界共通の制度インフラであ
り、適正かつ効率的な現場管理を行うためのツールとして、生産性向上に
も寄与することが期待されています。

3 CCUS の概要

■ CCUS の基本的機能

（1）技能者登録と事業者登録

　CCUS の利用に当たっては、まず技能者、事業者が自らの基本情報を
CCUS に申請・登録する必要があります。技能者登録は氏名や生年月日、
社会保険加入状況、建設業退職金共済制度（建退共）加入状況、職種、保
有資格等で、事業者登録は建設業許可関係情報、資本金、完成工事高、社
会保険加入状況、建退共加入状況等となっています。これらは CCUS 運
営主体である（一財）建設業振興基金において所要の審査を行ったうえで
CCUS に登録され、技能者には CCUS カードが発行されます。登録申請
手続は電子申請が原則ですが、各地に設置している認定登録機関での窓口
申請も可能です。

　また後述のように、建設技能者は経験年数や保有資格等に応じたレベル
アップができる仕組みとなっており、レベルに応じた色のカードが発行さ
れます。

（2）現場利用

　CCUS に基本情報を登録したら、次は建設工事現場での利用です。建設
工事を受注した元請事業者は当該現場情報と下請を含めた施工体制を
CCUS に登録するとともに、現場にカードリーダーを設置する等、就業履
歴を蓄積する環境を整えます。この後、実際に技能者は現場に入場する都

度、カードリーダーにタッチすることにより就業履歴が蓄積されます。

また就業履歴の蓄積に当たっては、入退場管理システムや安全管理システム等のサービスを提供している民間事業者とAPI[1]連携しており、当該民間事業者サービスを利用して就業履歴の蓄積を行うことも可能となっています（API連携の詳細については 4 2 参照）。

(3) 閲覧

CCUSに登録された情報については、登録した技能者、事業者は自らの情報（事業者は自ら雇用する技能者情報を含む）を閲覧することができます。これらの登録情報は、例えば技能者本人が、所属企業が変わったとしても、自らの保有資格や就業履歴について対外的に説明する必要がある場合などにおいて、それらを公的に証明するものとして活用することができます。

なお技能者の情報は、本人と所属する事業者が同意しなければ、他の事業者は原則として閲覧することができません。一方、現場管理の効率化の観点から、当該現場の技能者情報の一部（保有資格等）については、元請事業者と上位下請事業者は当該現場の開設中に限り閲覧できることとなっています。

図表：建設キャリアアップシステムの概要

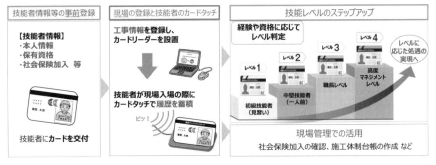

出所：（一財）建設業振興基金作成

---

[1] アプリケーション・プログラミング・インターフェイス（Application Programming Interface）。ソフトウェアやプログラム、Webサービスの間をつなぐインターフェースのこと。

第2章　バックオフィス DX の環境整備

❷ 能力評価制度

　能力評価制度は、CCUS に登録され蓄積される情報を活用して、建設技能者が技能や経験に応じた評価や処遇を受けるための環境整備を図るとともに、建設技能者のキャリアパスの明確化を図るため創設されました。建設技能者の処遇改善を図っていくための CCUS の中核的機能の1つとなっています。

　能力評価は、国土交通省の「建設技能者の能力評価制度に関する告示」（平成31年告示第460号）に基づき、各専門工事業団体等が、国土交通大臣認定を受けて職種ごとに策定した能力評価基準により実施しています。これによる技能レベルは経験年数と保有資格をベースに4段階に分けられており、レベル1が初級技能者（見習いなどまだ入職して間もない技能者）、レベル2が中堅技能者（一人前）、レベル3が職長レベル、レベル4が高度なマネジメント能力を有する技能者と位置付けられています（前頁図表）。特に最高ランクのレベル4は、「登録基幹技能者」がその中核となっています。登録基幹技能者とは、熟達した作業能力と豊富な知識を有するとともに、現場をまとめるマネジメント能力に優れた技能者として、建設業法施行規則に基づき公的に位置付けられた専門工事業団体の実施する資格であり、CCUS と連携してさらに普及・活用が進むことが期待されます。

　このように能力評価制度は、当該技能者を雇用する企業のみならず、当該企業と取引する企業、さらには発注者やエンドユーザーまで視野に入れて、技能者の能力をわかりやすく示す観点から、業界横断的に一定の共通基準で評価する考え方が採用されています。もちろん、個々の企業における人事評価は、一般に、経験年数や保有資格だけでなく様々な要素を元に総合的に行われるものですが、この能力評価制度に基づく評価が、各企業で人事評価を行う際の目安の1つとなることも期待されます。

第3節　業界共通の制度インフラとしての建設キャリアアップシステム

　能力評価の対象分野は、順次拡大してきており 2024 年 3 月末で下表の
42 分野となっています。職種によってはまだ能力評価の対象となってい
ない分野もあり、今後関係専門工事業団体等における積極的な取組みが求
められます。また、技能者の能力評価制度と連携して、優秀な技能者を雇
用しているなど企業の施工能力を可視化する「専門工事企業の施工能力等
の見える化制度」が国土交通省により創設されており、これも専門工事業
団体等が制度実施主体となっています。

分野	能力評価実施団体名
電気工事	（一社）日本電設工業協会
橋梁	（一社）日本橋梁建設協会
造園	（一社）日本造園建設業協会
	（一社）日本造園組合連合会
コンクリート圧送	（一社）全国コンクリート圧送事業団体連合会
防水施工	（一社）全国防水工事業協会
トンネル	（一社）日本トンネル専門工事業協会
建設塗装	（一社）日本塗装工業会
左官	（一社）日本左官業組合連合会
機械土工	（一社）日本機械土工協会
海上起重	（一社）日本海上起重技術協会
プレストレストコンクリート	（一社）プレストレスト・コンクリート工事業協会
鉄筋	（公社）全国鉄筋工事業協会
圧接	全国圧接業協同組合連合会
型枠	（一社）日本型枠工事業協会
配管	（一社）日本空調衛生工事業協会
	（一社）日本配管工事業団体連合会
	全国管工事業協同組合連合会
とび	（一社）日本建設躯体工事業団体連合会
	（一社）日本鳶工業連合会
切断穿孔	ダイヤモンド工事業協同組合
内装仕上	（一社）全国建設室内工事業協会
	日本建設インテリア事業協同組合連合会
	日本室内装飾事業協同組合連合会
サッシ・カーテンウォール	（一社）日本サッシ協会
	（一社）建築開口部協会
エクステリア	（公社）日本エクステリア建設業協会
建築板金	（一社）日本建築板金協会

評価分野	能力評価実施団体名
外壁仕上	日本外壁仕上業協同組合連合会
ダクト	（一社）全国ダクト工業団体連合会
	（一社）日本空調衛生工事業協会
保温保冷	（一社）日本保温保冷工業協会
グラウト	（一社）日本グラウト協会
冷凍空調	（一社）日本冷凍空調設備工業連合会
運動施設	（一社）日本運動施設建設業協会
基礎ぐい工事	（一社）全国基礎工事業団体連合会
	（一社）日本基礎建設協会
タイル張り	（一社）日本タイル煉瓦工事工業会
道路標識・路面標示	（一社）全国道路標識・標示業協会
消防施設	（一社）消防施設工事協会
建築大工	全国建設労働組合総連合
	（一社）JBN・全国工務店協会
	（一社）全国住宅産業地域活性化協議会
	（一社）日本ログハウス協会
	（一社）プレハブ建築協会
ALC	（一社）ALC 協会
硝子工事	全国板硝子工事協同組合連合会
	全国板硝子商工協同組合連合会
土工	（一社）日本機械土工協会
ウレタン断熱	（一社）日本ウレタン断熱協会
発破・破砕	（一社）日本発破・破砕協会
建築測量	（一社）全国建築測量協会
圧入	（一社）全国圧入協会
さく井	（一社）全国さく井協会
解体	（公社）全国解体工事業団体連合会
計装工事	（一社）日本計装工業会

63

中小企業が多い建設業界においては、人材育成は個々の企業における対応は一定の限界があることも事実です。専門工事業団体等をはじめ様々な団体が、CCUSも活用して、業界全体を見据えた人材育成にこれまで以上に積極的に取り組むことが期待されるとともに、これらの取組みに対し必要な支援を行う仕組みを充実していくことが求められます。

❸ 官民でのCCUS活用の広がり

CCUSは、前述のように、現場横断的、企業横断的に働く方々が多いという建設技能者の特色に対応した仕組みであり、処遇改善の促進のため、CCUSを活用した必要経費転嫁に資する環境整備や、生産性向上の取組みが官民で進展中です。

公共工事を受注しようとする事業者が受審する必要がある経営事項審査において、CCUSの活用状況の評価が行われています。2021年度から、自ら雇用する技能者がCCUSにおいてレベルアップした場合にその数に応じた加点措置が講じられています。2023年度からは各現場において就業履歴を蓄積するために必要な措置（カードリーダーの設置等）を講じていることを加点要件とする措置が講じられました。

国土交通省や地方公共団体等の公共発注者においては、CCUSへの登録や活用の状況について、入札参加資格審査での加点や、個々の工事における総合評価における加点、モデル工事等における工事成績評定での加点措置などを講じる団体が増えてきています。これら評価事務の効率化のため、対象現場におけるCCUS就業履歴情報など一定の情報を、元請企業の関与の下、公共発注者に提供するサービスも開始されています。

これらの経営事項審査や公共工事発注者における措置は、CCUS利用のインセンティブとしての役割を果たすことはもちろんですが、CCUSに登録しそれを活用して建設技能者の育成に熱心に取り組んでいる企業やそうした企業と取引する企業の受注機会の拡大につながるものであり、処遇改

善のための道筋の１つである「転嫁（好循環）」促進のための環境整備であると言えるでしょう。

また、民間部門においては、建設DXにより、設計から施工、管理に至るまで、現場部門だけでなくバックオフィス部門を含め、AIやICT技術を活用した多種多様な機能・サービスが開発、提供されつつあります。その中には、工事に関わる企業や技能者等の情報を体系的に把握し、工事の安全かつ適切な施工に資するための安全書類の作成をサポートする現場管理支援サービスがあります。これらのうち、施工体制台帳、施工体系図、作業員名簿等の作成や現場入退場管理等を効率的にできるようなサービスにおいて、CCUSとの連携が拡大しています（**4**参照）。また各企業におけるCCUS関係業務は、バックオフィス部門が相当部分を担っているケースが多く見られますが、CCUSにより書類作成業務等の一層の効率化・適正化が期待されます。このように「生産性向上」においても、CCUSの重要性が高まりつつあります。

さらに、自ら雇用する技能者の人事評価にCCUSの能力評価を活用する例や、協力会社の技能者に対しCCUSのレベルに応じた手当を支給する元請企業も増えてきています。加えて元請企業による技能者への就業履歴に応じたポイント付与などの取組みが試行的に始まっているほか、建設企業以外の企業からもCCUS登録技能者等に対し特典を提供する動きも広がりつつあります。

４ 公正な取引の確保

もちろん、このような官民の取組みの大前提として、公正な取引が確保されていることが極めて重要です。重層下請構造の下では、下請に対する優越的地位の濫用などの不公正な取引が生じがちです。また建設技能者の働き方が現場横断的、企業横断的であると言っても、その働き方が、実質的に自らの裁量が乏しい「労働者」なのであれば、本来、使用者との間で

雇用契約を締結し、雇用保険、健康保険、年金保険などに加入する必要があります。建設技能者の社会保険加入率はかつて他産業と比べかなり低い水準にとどまっていました。また建設企業の中には、こうした社会保険加入義務を回避するために、実態は雇用労働者であるにもかかわらず、あえて一人親方にしているようなケース（いわゆる「偽装一人親方」）が見受けられます。こうした問題を放置すれば、建設技能者がいざという時の公的保障が確保されないほか、関係法令を遵守して適正に社会保険に加入している事業者ほど競争上不利になるという矛盾した状況を招くことになります。このため、建設業における社会保険加入対策について、行政機関や元請・下請建設業者団体、発注者団体等を構成員とする「建設キャリアアップシステム処遇改善推進協議会」（2012 年 5 月設置・2021 年 12 月改組）等において、関係者一体となって取組みが進められています。法制度的にも建設業者の社会保険の加入が建設業許可・更新の要件とされるとともに、国土交通省が「社会保険の加入に関する下請指導ガイドライン」を策定し、取組みを強化しています。

　近年の建設現場では、技能実習生や特定技能など外国人労働者が不可欠の存在になってきていますが、こうした外国人労働者に対しても、賃金や労働時間を始め労働者として適正な処遇を確保していくことが極めて重要であり、技能実習や特定技能については、受入企業や外国人労働者について CCUS 登録が義務付けられています。

　重層下請構造の中での下請企業や建設技能者への不当なしわ寄せを排除し、公正な取引を確保していくことは、建設生産の品質を確保するとともに、建設技能者を始め建設業の担い手の処遇改善のために極めて重要です。CCUS には、現場の技能労働者の社会保険の加入状況や事業者、施工体制を可視化する機能があります。「社会保険の加入に関する下請指導ガイドライン」においても、元請企業においては現場管理の効率化、書類削減等の観点からも、保険加入状況の確認には積極的に建設キャリアアップ

システムの活用を図るべきとされています。今後 CCUS は、社会保険加入促進のほか、偽装一人親方防止、外国人労働適正化や請負契約の適正化など、発注者を含めサプライチェーン全体で公正な取引を確保していくための有効なツールとしての役割も期待されます。

4 CCUS と他の関係施策・サービスとの連携

1 建設業退職金共済制度との連携

　建設業退職金共済制度（建退共）は、建設技能者の現場横断的、企業横断的な働き方に対応し、現場を移動し雇用者が変わっても、建設業で働いた日数が全部通算される、業界全体の退職金制度として中小企業退職金共済法に基づき 1964 年に創設されたものです。技能者個人に手帳を交付し、働いた日数に応じた証紙を手帳に貼付する証紙貼付方式で運用され、建設労働者への退職金の適切な給付を通じて建設業界の健全な発展に寄与してきました。この建退共制度において、2021 年 4 月から新たに電子申請制度が導入されました。電子申請は、証紙の代わりに、元請事業者等があらかじめ電子ポイントを購入し、技能者の就業日数に応じて当該技能者にそのポイントが充当される仕組みとなっており、従来の証紙貼付方式に比べ手続の大幅な簡素化が図られています。

　建設技能者の処遇改善を目指し、日々の就業履歴を蓄積する CCUS は、建退共制度との親和性が極めて高いことから、双方の連携の強化が求められていましたが、2022 年 9 月から、建退共電子申請と CCUS との連携の新たなサービスが開始されました。これは、CCUS により蓄積した就業履歴を、元請事業者または一次下請事業者により、建退共の電子申請のために必要となる就労実績報告ツールに一括して取り込むことができることとする仕組みで、電子申請事務の一層の効率化、適正化に大きく寄与するこ

第2章　バックオフィスDXの環境整備

とが期待されています。現在は、従来の証紙貼付方式と電子申請が併存しており、さらにCCUS登録技能者と未登録技能者が併存している状況ですので、今後連携サービスのさらなる利便性向上を図りつつ、電子申請とCCUSとを一体的に普及促進していくことにより、その効果がより大きく発揮されることが期待されます。

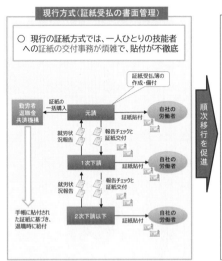
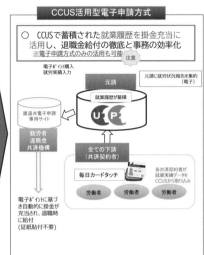

❷ API連携

建設DXのうねりの中で、設計、施工、検査等建設生産プロセスの各部門において、次々に新しい技術が開発されており、スタートアップ企業をはじめ多くの民間事業者により様々なサービスが提供されています。このうち、CCUSと関係が深いものとして、工事安全書類の作成や入退場管理を行うシステムを提供するサービスがあります。これらのサービスは関係者間の情報共有の迅速化やペーパーレス化をはじめ、現場管理の効率化に大きな効果を発揮しており、近年急速に普及してきています。CCUSはこ

のようなサービスを提供している民間事業者とAPI連携を行っており（2024年3月現在で15事業者16システム）、民間サービスで管理し蓄積された建設技能者の日々の就業データがCCUSに送られ、CCUSの就業履歴蓄積として登録されます。

　工事安全書類のうち、施工体制台帳は、建設業法に基づき、一定の規模以上の建設工事（公共工事の場合はすべての工事）を受注した元請企業が作成しなければならないこととされています。また従来から適切な労務管理のため作成されていた作業員名簿についても、2020年からは法的に施工体制台帳の一部を構成するものとして位置付けられています。元請企業はこれらの書類を適正に作成し現場に備え付けなければなりません（公共工事の場合はこれら施工体制台帳を発注者に提出することが必要）。現在のAPI連携は、もっぱら民間事業者からCCUSが就業履歴情報の提供を受けるという形で行われています。CCUSに登録された保有資格や社会保険加入状況等の技能者情報は、証拠書類等によりその真正性が担保されているので、個人情報の保護に留意しつつ、CCUSからの情報提供を拡大し共同利用を進めることにより、多くの現場、元請企業の下でも、二度手間を省き一層簡易かつ適正な施工体制台帳や作業員名簿の作成をはじめとした業務の効率化を進めることが求められています。

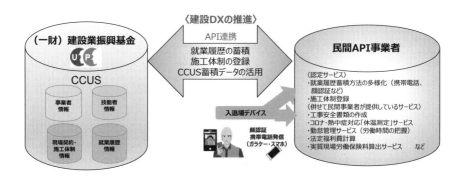

第2章　バックオフィスDXの環境整備

❸ マッチングサイト

　就業を希望する者（求職者）と労働力を求める企業（求人者）との間の労働力の需給調整を行う場である労働市場において、需給を調整するサービスの提供は、ハローワークのような公的機関に加え、民間による職業紹介事業や求人・求職情報誌の発行など多様な主体により担われています。特に建設業の場合は、求職者は雇用的な働き方を求める場合のほか、一人親方として請負的な働き方を求める場合も多く、就業形態も多様になっているので、より実情に合った需給調整が求められます。前述の公的機関や各種民間サービスのほか、所属企業は変えずに同業の事業者同士の情報のやりとりをベース一時的に他の事業者の下で就業する、いわゆる「応援」も需給調整の手法として多く活用されています。

　こうした中、最近注目されているのは、働き手や協力会社を探したい企業や、働く場、企業を探している建設技能者など、様々なニーズに対応して、それらのマッチングの場をウェブ上で提供するいわゆる「マッチングサイト」です。こうしたウェブ上のマッチングサービスは、建設業界以外の分野でも、例えばタクシーの配車、料理の宅配、民泊の仲介など急速に普及が拡大しています。

　建設技能労働（土木、建築の現場で行われる作業に直接従事する業務）は、労働者派遣事業の適正な運営の確保及び派遣労働者の保護等に関する法律（「労働者派遣法」）により、派遣禁止業種とされています。こうした労働関係法令に反しないよう注意しなければなりませんが、労働需給のミスマッチを解消していくためには、マッチングサイトの役割は今後ますます大きくなっていくものと思われます。

　CCUSでは、これらマッチングサイトを運営する事業者との連携を試行的に開始しています。これは、利用者の希望によりCCUSに登録されていることを示すため、当該マッチングサイト上にCCUSのロゴを掲示す

70

るもので、CCUS に登録されている技能者であることが相手先に示されることによって、より効果的にマッチングが成立し、適切な施工と処遇改善の実現に資することが期待されています。この試行の効果を見極めつつ、今後は例えば能力評価（レベル）についても提供情報に加えるなど、さらに効果的な連携が期待されます。

5 業界共通の制度インフラとして

　CCUS は、建設技能者の処遇改善実現のため、建設 DX の一翼を担い、関係サービスと連携して業界共通の制度インフラとしての役割を一層強化していくことが必要です。これまで CCUS は、野丁場系の比較的規模の大きな現場から普及が始まり、関連する民間サービスとの API 連携もそれらの現場を中心に利用が拡大してきました。しかしながら、事業者・技能者登録がいまだ低い水準にとどまっている地域・職種が見られるほか、CCUS に登録はしていても就業履歴の蓄積が十分になされていない技能者が相当程度存在するなど、依然としてその普及は道半ばにあります。前述のような建設業の産業構造の下で、建設技能者は多くの元請、上位下請、様々な現場で就労している場合が多いため、今後は比較的小規模な現場やいわゆる町場と言われる住宅系の現場などを含め、建設業全体で CCUS の普及を進め、建設技能者がどの現場で働いても就業履歴が確実に蓄積できる環境を早急に整えなければなりません。

　このため「建設キャリアアップシステム運営協議会」の構成団体が一体となって普及促進に努めることとされており、各企業での活用促進のほか、国土交通省等関係行政機関において、さらに CCUS 活用分野の拡大が図られることが期待されます。また CCUS 運営主体の（一財）建設業振興基金においては、国・地方公共団体、関係機関・企業、API 事業者等との連携を一層強化して、全国各地において登録や現場運用に当たって

第2章　バックオフィス DX の環境整備

のサポートを行うとともに、システムの安定的運用とさらなる利便性の向上に努めているところです。

　CCUS は、今後、多くの建設生産、取引のプロセスに不可欠のツールとして組み込まれるとともに、建設業界のみならず発注者やエンドユーザーである国民にもその意義が認知されることが必要です。それを通じて CCUS が、「業界共通の制度インフラ」として、建設技能者の処遇改善や働き方改革、生産性の向上、公正な取引の確保に向けたサプライチェーン全体の取組みに大きく貢献することが期待されています。

第4節

建設業許可や経営事項審査に係る
申請等の手続電子化

国土交通省　不動産・建設経済局　建設業課

1 建設業許可及び経営事項審査の概要

　建設工事の完成を請け負うことを営業するには、その工事が公共工事であるか民間工事であるかを問わず、建設業法第3条に基づき、建設業の許可を受けなければなりません（ただし、「軽微な建設工事」の完成を請け負うことを営業する場合には、必ずしも建設業の許可を受けなくてもよいこととされています）。

　また、経営事項審査は、公共性のある施設や工作物に関する建設工事を発注者から請け負おうとする建設業者が必ず受けなければならない審査です。公共工事の各発注機関は、競争入札に参加しようとする建設業者について資格審査を行う際に、欠格要件に該当しないかを審査したうえで、客観的事項と主観的事項の審査結果を点数化し、順位付・格付をしています。このうち客観的事項の審査が経営事項審査に当たり、「経営状況」と「経営規模、技術的能力その他の客観的事項」について実態や取組状況を評価して点数化しています。

　このように、建設業者が公共工事や民間工事を請け負うためには、建設業許可や経営事項審査の申請が必要であり、建設業許可業者数は約47万業者、経営事項審査の年間受審者は約14万業者で推移しています。

第2章　バックオフィスDXの環境整備

2　従前の建設業許可や経営事項審査に係る申請手続等

　建設業許可や経営事項審査の申請手続では、省令等で定められる申請書類に加えて、多くの確認書類の提出が求められます（**図表1**）。

　そんな中、従前の建設業許可では、建設業者から許可行政庁への申請及び許可行政庁から建設業者への許可通知がそれぞれ書面でのやり取りのみとなっていました。

　また、経営事項審査では、従前より登録された経営状況分析機関（令和5年10月現在10機関）に経営状況の分析を申請する手続のみが電子化されていた一方で、その結果を許可行政庁に提出する際は、その他すべての書類と同様に書面での申請のみを取り扱っていました。

　このように、建設業許可や経営事項審査の申請は、多くの書類の提出が求められているうえ、その大部分が書面による提出のみ認められていたため、書類の作成や提出を行う建設業者と書類の審査や管理を行う許可行政庁の双方にとって多大な負担となっていました。

3　申請手続の電子化へ向けた背景と取組方針

　デジタル化への取組みとして、政府においては、2021年（令和3年）9月にデジタル庁が発足し、同年12月には行政手続のオンライン化等の施策が明記された「デジタル社会の実現に向けた重点計画」が閣議決定されるなど、デジタル社会の実現に向けての取組みを強力に推進しています。

　また、それ以前から、建設業界においても、近年成長著しいICTのさらなる活用や、新型コロナウイルス感染症の拡大等を踏まえた非対面で手続を行うことができる環境整備の観点からも、書類申請の電子化を進める必要があるとして、検討を進めてきました。

74

第4節　建設業許可や経営事項審査に係る申請等の手続電子化

図表1：建設業許可や経営事項審査に係る申請等の必要書類

許可申請	許可後の届け出	経営事項審査
省令・ガイドライン等で定められた様式			
・許可申請書　・指導監督的実務経験証明書 ・役員等一覧表　・令3条使用人一覧表 ・営業所一覧表　・許可申請者の住所等の調書 ・専任技術者一覧表　・令3条使用人の住所等の調書 ・工事経歴書　・株主調書 ・工事施工金額・使用人数　・貸借対照表 ・誓約書　・損益計算書、完成工事原価報告書 ・経営業務管理責任者等証明書　・株主資本等変動計算書 ・常勤役員等証明書　・注記表 ・健康保険等の加入状況　・附属明細表 ・専任技術者証明書　・営業の沿革 ・実務経験証明書　・所属建設業者団体 ・主要取引金融機関名	・変更届出書 ・届出書 ・廃業届 ・決算変更届出書　等	・経営事項審査申請書 ・工事種類別完成工事高 ・技術職員名簿 ・その他審査項目 ・工事経歴書 ・工事種類別完工高付表 ・経理処理の適正を確認した旨の書類 ・継続雇用制度の適用を受けている技術職員名簿
確認書類等			
・卒業証明書 ・技術検定合格証明書 ・監理技術者資格者証 ・登記されていないことの証明書 ・身分証明書 ・定款 ・納税証明書 ・組織図 ・請負契約書 ・営業所の写真 ・業務分掌規程・執行役員規程・人事発令書　等	・技術検定合格証明書 ・監理技術者資格者証 ・身分証明書 ・納税証明書　等	・消費税確定申告書・消費税納税証明書 ・工事請負契約書・注文書・請書 ・技術検定合格証明書 ・監理技術者資格者証 ・健康保険・雇用保険被保険者証 ・建設業退職金共済事業加入・履行証明書 ・防災協定書 ・有価証券報告書・監査証明書・会計参与報告書 ・登録経理試験の合格証 ・建設機械の売買契約書・リース契約書　等

資本金140億円、従業員3,000人程度の
ゼネコンの経営事項審査申請・確認書類
（白枠3箱で1社分）

審査終了後の書類の一部

出所：国土交通省「建設業許可・経営事項審査電子申請システム」

第2章　バックオフィスDXの環境整備

　2020年（令和2年）7月の閣議決定では、「建設業許可の電子申請化等関係手続のリモート化を進める」、「経営事項審査申請について、早期のオンライン化を実現するとともに、オンライン化に当たっては、BPRを徹底して、申請書類の簡素化、ワンスオンリーの徹底等を行い、行政手続コストのさらなる削減を実現する」との方針が発表されました。

　その後、許可行政庁との意見交換を目的とする実務者会議の開催やアンケート調査に加え、建設業団体へのヒアリングや申請業務に携わる行政書士団体との意見交換会などを通じて、電子申請システムの基本的な枠組について整理したうえで、詳細仕様、管理運営機関や予算等についての決定を経て、2023年（令和5年）1月から、電子申請システムを活用した建設業許可や経営事項審査に係る申請等について電子申請の受付を開始しました（**図表2**）。

図表2：申請手続の電子化に向けた取組み

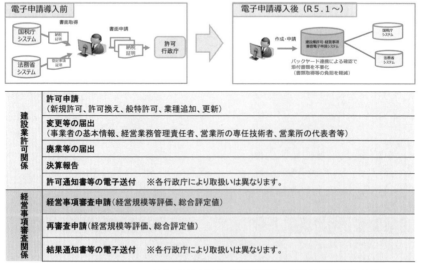

出所：国土交通省「建設業許可・経営事項審査電子申請システム」

第4節　建設業許可や経営事項審査に係る申請等の手続電子化

4 建設業許可等電子申請システムの概要

電子申請システムの概要は下記の通りです（図表3）。

図表3：電子申請システム概要図

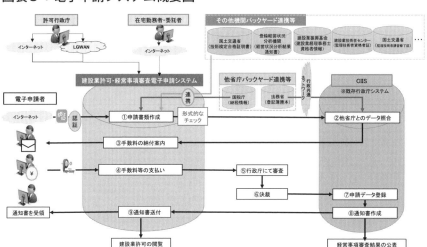

出所：国土交通省「建設業許可・経営事項審査電子申請システム」

電子申請システムを用いることにより、申請者は申請書類の作成・提出から通知書の受領までを、オンライン上において一気通貫で済ませることが可能です。

以下、利用者への大きなメリットを3つ紹介します。

1 バックヤード連携による確認書類の添付省略

従来の紙ベースでの申請時には、登記事項証明書、納税証明書、技術者の資格を証明する書類等を取得したうえで、確認書類として添付して提出する必要があり、申請者や審査を行う許可行政庁にとって大きな負担となっていました。

77

この点、電子申請システムにおいては、法務省、国税庁等の他省庁やその他の民間機関等のシステムとバックヤードで連携を行うことにより、一定の確認書類が添付不要となることで、申請者と許可行政庁の双方における事務負担の軽減に貢献しています。

電子申請システムの運用を開始した2023年（令和5年）1月時点で既に、登記事項証明書、法人税・所得税や消費税・地方消費税に関する納税情報、技術検定合格証明書、経営状況分析結果通知書がバックヤード連携によって添付不要になっています。さらに、その後もバックヤード連携の対象拡大に向けて他省庁やその他機関との調整を続けており、同年4月には、監理技術者資格者証、監理技術者講習修了証、建設業経理士登録証、建設業経理士講習修了証が添付不要な書類に加わりました（**図表4**）。

図表4：バックヤード連携の対応状況

連携情報		連携先	連携対象	連携開始時期
登記事項証明書		法務省	大臣・法人	R5年1月
納税情報	法人税/所得税	国税庁	大臣・法人/個人	R5年1月
	消費税/地方消費税	国税庁	大臣/知事・法人/個人	R5年1月
技術検定合格証明書		国土交通省	すべて	R5年1月
経営状況分析結果通知書		登録経営状況分析機関	すべて	R5年1月
監理技術者資格者証		（一財）建設業技術者センター	すべて	**R5年4月**
監理技術者講習終了証		国土交通省	すべて	**R5年4月**
建設業経理士登録証		（一財）建設業振興基金	すべて	**R5年4月**
建設業経理士講習修了証		（一財）建設業振興基金	すべて	**R5年4月**

今後、その他の確認書類についても、バックヤード連携の対象拡大による添付省略に向けた検討を進めてまいります。

❷ エラーチェック、自動計算等の申請書類作成支援機能による省力化

2つ目のメリットは、申請書類の作成を支援する機能により、手間を省

けることです。電子申請システムでは、申請書類を作成する際に、過去に同システムから作成した内容のプレプリントや、他の書類作成システムで作成した様式の取込みによる書類作成業務の省力化が可能です。

また、申請書類が許可行政庁に提出される前に、エラーチェックや必要な計算をシステム側が自動で行うことにより誤字や書類不備を事前に防ぐことができます。

仮に、紙ベースで申請した後に書類不備等が発覚した場合には、その段階で書類を修正・再作成し、改めて許可行政庁に出向き、提出し直す必要が生じます。電子申請システムはそうした手間を省くことにもつながります。

❸ 許可行政庁による審査等の事務負担軽減

電子申請システムによってメリットを受けるのは申請者だけではありません。

許可行政庁では、申請者から提出を受けた申請書類の確認や審査が行われます。従来は、数多くの書類を審査しているうえ、書類の保存期間も定められているため、多くの労力とスペースを要していました。電子申請化による書類の削減が、受領・審査・管理それぞれの業務効率化を実現しています。

こうした申請者と許可行政庁の双方における事務負担の軽減が、建設業全体の生産性向上につながると考えております。

5 今後の展望と課題

現在、国のほか、44都道府県において、電子申請を受け付けています（**図表5**）。

2023年（令和5年）1月の電子申請システム運用開始から約1年間で、建設業許可については、更新申請を中心に1,000件を超える申請があり、

第2章　バックオフィスDXの環境整備

図表5：都道府県における電子申請の受付状況

出所：国土交通省「建設業許可・経営事項審査電子申請システム」

7,000件を超える届出がありました。また、経営事項審査についても、5,000件を超える申請があり、申請・届出数は堅調に推移しています。

　一方で、現時点では、紙ベースでの申請も並行して受け付けており、電子申請システムの運用開始から日が浅いこともあり、電子申請率はまだそう高くないのが実情です。

　電子申請システムの利用は現段階でもすでに一定のメリットが見込めるものですが、今後さらに発展していく可能性を持つものです。今後はここまで説明してきたような電子申請のメリットを強調するとともに、建設業界をはじめとする関係者と議論を重ねながら、機能拡充等による利便性の向上を図っていき、さらなる利用率の上昇を目指します。

　建設業界の先行きを見据え、電子申請システムの利用にできるだけ早い段階で移行してみてはいかがでしょうか。

第5節

施工体制台帳や施工体系図の電子化

国土交通省　不動産・建設経済局　建設業課
入札制度企画指導室　連携推進係長　櫻井　紘司

1　はじめに

　建設業界において、担い手不足が課題認識され、働き方改革の推進や生産性の向上が求められる中、施工体制台帳や施工体系図等（以下「施工体制台帳等」）の必要書類の作成や提出による事務負担が長時間労働の要因の一つとなっています。

　本稿では、施工体制台帳等の概要及び電子申請の活用による利用者のメリット、今後の展望を紹介します。

2　現状・背景

1 施工体制台帳等の概要

　特定建設業者[1]が工事の元請となる場合には、下請契約の請負金額の額が4,000万円（建築一式工事においては6,000万円）を超える金額以上になるとき、施工体制台帳等を作成し、工事現場に備え置かなければならないとされています[2]。

　また、公共工事を請け負うすべての元請建設業者は、工事金額の多寡に

---

[1] 建設業法第15条における特定建設業の許可を受けた事業者
[2] 建設業法第24条

第2章　バックオフィス DX の環境整備

関わらず施工体制台帳等を作成し、工事関係者が見やすい場所と公衆が見やすい場所に備え置かなければならないとされています[3]。そのうえで、作成した施工体制台帳等の写しを発注者に提出しなければなりません[4]。

　このように、建設業者が公共工事や民間工事を請け負うに当たって、多くの場合施工体制台帳等の作成・提出が必要となります。

② 従前の施工体制台帳等の作成・提出

　これまで、建設業者が施工体制台帳等を作成する際には、当該工事の下請事業者の情報を、定められた様式に一から入力し作成していました。このような状況下においては、当該工事現場に実際に入って作業をされている職人の把握に抜け・漏れがあった場合に、書類を再度確認し逐一照合する必要があり、他の書類作成と併せ多大な負担となっていました。

3 CCUS を用いた施工体制台帳等の作成の概要と利用者へのメリット

　CCUS を用いた施工体制台帳等の作成の概要は次頁**図表 1** の通りです。

---

[3] 公共工事の入札及び契約の適正化の促進に関する法律第 15 条第 1 項
[4] 公共工事の入札及び契約の適正化の促進に関する法律第 15 条第 2 項

82

図表1　CCUSを用いた施工体制台帳等の作成の概要図

　CCUSを用いて施工体制台帳等を作成することにより、作成者は下請事業者から提出された書類の確認から当該工事における施工体制台帳等の作成までを、オンライン上において済ませることが可能です。ここでは、利用者への大きなメリットを2つ紹介します。

1 元請事業者における施工体制台帳等を含めた安全書類の作成の効率化

　従来の施工体制台帳等の作成に当たっては、工事に参加する下請事業者の情報を当該事業者から受領し、毎工事ごとに一から作成する必要がありました。この点、CCUSを利用した施工体制台帳等の作成では、必要な項目を一度入力するだけで以後の情報の入力が不要となり、利用者の事務負担の軽減に貢献しています。

第 2 章　バックオフィス DX の環境整備

　また、下請事業者の情報も、CCUS と接続することで、工事の都度当該事業者からの情報提出を待つことなく、速やかに参照可能となります。

❷ 下請事業者における元請事業者への資料の提出の手間の削減

　2 つ目のメリットは、下請事業者において、元請事業者が施工体制台帳等を作成するに当たっての元請事業者への情報提供の手間を省けることです。元請事業者は、工事ごとに下請事業者が異なることが多いのでその書類の内容は毎度異なる一方、下請事業者が元請事業者に共有すべき自社の情報については、基本的に変更はありません。この場合、下請事業者が工事ごとに自社の情報を入力することは書類作成の際に手間となります。CCUS を導入することで、施工体制台帳等に必要な情報を必要なタイミングで速やかに提出することが可能となります。

4　今後の展望

　これまで、建設産業は他産業と比較して 3 K と呼称され、若年者の入職が進まない傾向がありました。2024 年度には時間外労働規制の罰則適用が施行されており、従前よりも効率的な業務の遂行に不可欠なデジタル化を推進し、建設産業を他産業よりも魅力的な業界にしていくことが重要です。

　これまでは、紙での書類作成、及びその提出は業務の大きな割合を占めていると言われてきました。それは、法的にも契約書その他の「紙」が契約の証として非常に大きな力をもっていたからにほかなりません。しかしながら、現在では「紙」ではないデジタルデータも電子書類の成立の真正性を証明する電子署名等を用いることで、契約の法的効果を担保できます。行政に対する書類の提出については、「情報通信技術を活用した行政の推進等に関する法律（デジタル行政推進法）」によって、オンライン申請

が可能であることが明示されています。

　今後建設産業に入職される方々は、いわゆる「デジタルネイティブ」の世代に当たります。「デジタルネイティブ」とは、物心がついた時からインターネットや通信機器のデバイスが身近にあり、その機材を活用することが生活の前提にあることを指します。このような世代に建設産業への入職を宣伝するに当たり、「紙文化」の業務は一つの大きな足枷となります。ぜひともこの機会にCCUSの導入も含め業務のデジタル化を進め、「魅力的な業界」への変革を図るべきと考えます。

　これまで、「建設産業のデジタル化」という文脈では、設計図の電子化や建設機械の操作など、実際の工事の現場におけるデジタル化が強力に推進されてきました。しかしながら、「工事」の前には必ず「契約事務」が発生しています。実効的なデジタル化を達成するためには、「工事」と「契約事務」の両輪をデジタル化する必要があります。「契約事務」のデジタル化の方策としては、上述の施工体制台帳等のCCUSを利用した作成・提出のほか、建設業許可の電子申請システムの利用、ASPによる工事関係書類の電子提出などがあげられます。特に、ASPの導入については、国土交通省からも各都道府県・市町村あての通知（「公共工事の円滑な施工確保について」、令和5年11月30日付総行行第512号、国不入企第24号）において導入を図るよう要請しており、これまでも連携してきた各市町村の公共工事契約担当官が参画する会議においてもさらに周知を図ることとしています。

　今まさに、デジタル化社会においてデジタルで完結する契約事務の世界が目前に迫っています。

　未来に誇れる建設産業を見据え、施工体制台帳等の電子作成・申請などによる契約事務のデジタル化にできるだけ早い段階で移行してみてはいかがでしょうか。

第 2 部

建設業バックオフィス DX の
現状と近未来

第1章

建設業バックオフィス DX を
支える最新 ICT（情報通信技術）

第1節

バックオフィスDXを構築する際に知っておくべき7種類の「DXを支える基盤技術」と9種類の「基盤構築サービス」

日本マルチメディア・イクイップメント株式会社
代表取締役　高田　守康

　本章では、バックオフィスDX（デジタルトランスフォーメーション）を構築する際に必要となる基本的な考え方と知識について解説します。

　バックオフィスDXを構築する際に、いちばん初めに取り組むべきことは、DXの課題や目的、要件を明確にすることです。例えば、昨今の建設業界における代表的な課題は、「働き方改革」の実現であり、人材や協力企業の確保、資材の価格高騰や納期確保への対応など、解決すべき要件が想定されます。さらに独自技術の開発や新市場の開拓など、新たな企業価値を創造するために、どのようなDXをいつまでに構築するのかなど、目的や要件を明確にすることが不可欠です。DXの目的や要件を明確にしないと、DX構築という手段が目的化してしまうおそれがあります。

　DX構築の目的や要件を明確にするために、経済産業省が推進している「DX認定制度[1]」を利用することをお勧めします。DX認定制度は、「情報処理の促進に関する法律」に基づき、「デジタルガバナンス・コード」の基本的事項に対応する企業を国が認定する制度です。

　「デジタルガバナンス・コード」には、4つの柱があります。1つ目の柱として、企業ビジョンを策定し、その実現に向けたビジネスモデルを設計し、ステークホルダーに対して宣言することが求められています。2つ目は、ビジネスモデルを実現するための方策として、デジタル技術を活用した戦略を策定し、その戦略の推進に必要な「組織づくり・人材・企業文

---

[1] https://www.meti.go.jp/policy/it_policy/investment/dx-nintei/dx-nintei.html

化に関する方策」と「IT システム・デジタル技術活用環境の整備に関する方策」を明確化して宣言することです。3つ目は、戦略の達成度を測る成果指標（KPI）を定めて自己評価を行うことです。4つ目は、ガバナンスシステムとして、経営者のリーダーシップ、自社の IT システムの課題を把握し、デジタル技術の動向を踏まえた見直しを継続して実施すること、サイバーセキュリティ対策を推進すること、そして取締役会が役割・責務を適切に果たし、経営者を適切に監督することが求められています。

　DX 認定制度に関するより詳細な情報や具体的な成功事例については、経済産業省が公開している「中堅・中小企業等向け『デジタルガバナンス・コード』実践の手引き[2]」が役立ちます。また DX に関する情報が掲載されたウェブサイトを参照したり、専門家の指導を受けたりするのもよいでしょう。

　バックオフィス DX の目的が明確になったところで、具体的にバックオフィス DX を構築するアプローチ方法として、①〜③のステップを踏むとよいでしょう。

①　業務の可視化を行う

　業務プロセスを明確にし、どの業務に時間がかかっているのか、非効率な業務を特定することで改善ポイントが明らかになります。付加価値の低い業務や、社内で行う必要のない業務は外部に委託（アウトソーシング）することで、業務の効率化を実現します。

②　ペーパーレス化を進める

　バックオフィス業務の多くは紙ベースで行われているため、ペーパーレス化をすること、すなわちデジタイゼーションが DX の第一歩になります。情報共有を促進することで、業務の効率化が図れます。

③　DX 基盤技術やクラウドサービスを活用する

　社員が付加価値の高いコア業務に集中することで、業務全体の生産性が

---

[2] https://www.meti.go.jp/policy/it_policy/investment/dx-chushoguidebook/contents.html

第1章　建設業バックオフィスDXを支える最新ICT（情報通信技術）

向上します。デジタル技術を活用して自社のビジネスモデルを変革することで、新たな事業価値を創造し、市場を開拓するデジタライゼーションを実現します。

本章の第1節では、バックオフィスDX を構築する際に、知っておくべき7種類の「DX を支える基盤技術」と9種類の「基盤構築サービス」について解説します。

本章の第2節では、建設業バックオフィスで利用できる SaaS（Software as a Service）の一覧を掲載しています。

1 DX を支える基盤技術

バックオフィスDX を構築するに当たり、基本となる7つの「DX を支える基盤技術」について解説します。

- ① クラウドコンピューティング
- ② モバイル技術
- ③ IoT（Internet of Things）
- ④ ビッグデータ
- ⑤ データサイエンス
- ⑥ AI（Artificial Intelligence）
- ⑦ 情報セキュリティ

■1 クラウドコンピューティング

クラウドコンピューティングとは、インターネットを通じて、必要に応じてコンピュータリソース（ストレージ、計算能力など）を提供・利用する技術です。データセンターにあるサーバーやストレージをリモートで利用することで、物理的なインフラの設置や管理の手間を減らすことができます。

- **コスト削減**：物理的なインフラの設置や運用コストを削減。
- **柔軟性**：必要に応じてリソースを追加・削減可能。
- **アクセス性**：どこからでもデータやアプリケーションにアクセス可能。
- **自動バックアップ**：データの喪失リスクを低減。

　建設業界では、大量のデータや図面を保存・共有する必要があるため、クラウドの柔軟性とスケーラビリティは非常に有効です。

　BIMやERPなどのシステムをクラウド上で動作させることで、どこからでもアクセス可能となり、現場とオフィスの連携を強化できます。

２ モバイル技術

　スマートフォン、タブレット、ウェアラブルデバイスなどの携帯可能なデバイスを活用する技術です。これには、モバイルアプリケーションの開発、モバイルネットワーク、位置情報サービスなどが含まれます。

- **リアルタイム情報共有**：現場とオフィス間での即時の情報交換が可能。
- **効率化**：現場での作業指示や報告、確認作業を迅速に行うことができる。
- **柔軟性**：どこでも情報にアクセスし、作業を行うことができる。
- **コスト削減**：紙ベースの報告や手動のデータ入力の削減によるコスト節約が可能。

　現場の作業員がリアルタイムでデータを入力・共有するためのツールとして使用できます。BIMやERPなどのシステムへのアクセス、現場の写真やビデオの撮影、通信ツールとしての利用など、多岐にわたる用途があります。

　位置情報サービスを利用して、資材や機械、作業員の位置を追跡・管理することも可能です。

❸ IoT（Internet of Things）

　IoT は、物理的なデバイス（カメラ、センサー、アクチュエーターなど）がインターネットを通じてデータを送受信し、相互に通信するシステムを指します。これにより、リアルタイムの情報収集やリモートでのデバイス制御が可能になります。

　プロジェクトの進行状況、コスト、安全性などは厳密に管理する必要があります。IoT 技術を利用することで、現場の様々なデータをリアルタイムで収集・分析し、効率的な運用やリスクの低減を図ることができます。

◆センサーテクノロジー

- 環境センサーで気温、湿度、騒音レベルなどをモニタリング。
- 構造物の健全性を監視するセンサーで、亀裂や変形を検出。

◆機械の遠隔監視・制御

- 建設機械の動作データを収集し、メンテナンスの最適化や運用の効率化を図る。
- IoT を利用して機械をリモートで制御する。

◆安全衛生管理

- 労働者の位置情報や体調をリアルタイムでモニタリングし、事故の予防や迅速な対応を可能にする。
- センサーを利用して危険なエリアや条件を警告する。

◆資材管理

- RFID タグや GPS を利用して、資材の位置や使用状況を追跡する。
- 適切な資材の配分やロスの削減を実現する。

第1節　バックオフィスDXを構築する際に知っておくべき7種類の「DXを支える基盤技術」と9種類の「基盤構築サービス」

４ ビッグデータ

　ビッグデータとは、通常のデータベースソフトウェアでは処理が困難なほど大量、高速、多様なデータを指します。このデータは、様々なソースから収集され、分析によって価値を生み出すことができます。

- **洞察力の獲得**：大量のデータから新しい知見やパターンを発見。
- **効率化**：作業プロセスやリソースの最適化によるコスト削減。
- **リスク軽減**：事前に問題点やリスクを特定し、対策を講じることが可能。
- **顧客満足度の向上**：エンドユーザーのニーズや嗜好を理解し、より適切なサービスや製品を提供することが可能。

　建設業界では、建設現場からのセンサーデータ、機械の動作データ、天候データ、労働者の動きや健康状態など、多岐にわたるデータがリアルタイムで収集されます。

　これらのデータを分析することで、作業の効率化、安全対策の最適化、資材の最適な配置や使用方法など、多くの洞察を得ることが可能となります。

５ データサイエンス

　データサイエンスは、大量のデータから価値ある情報や知識を抽出し、ビジネスや研究の意思決定に役立てる分野です。統計学、機械学習、データマイニングなどの技術を利用して、データを分析し、予測モデルを構築したり、価値のある情報を発掘して、意思決定に役立てます。

　プロジェクトのコスト、スケジュール、品質などを最適化するために、多くのデータが生成・収集されます。データサイエンスを利用することで、これらのデータから有益な洞察を得ることができ、プロジェクトの成功確率を高めることができます。

95

●コスト予測

　過去のプロジェクトデータを分析し、新しいプロジェクトのコストをより正確に予測する。

●リスク管理

　データを分析して、プロジェクトのリスク要因を特定し、未然にリスクを回避または軽減する策を立てる。

●効率的なリソース配分

　データ分析により、人材、機械、資材の最適な配分を計画する。

●品質管理

　過去のデータから品質に影響を与える要因を分析し、品質の向上を図る。

●スケジュール最適化

　データ分析を通じて、プロジェクトのスケジュールを最適化し、遅延を防ぐ。

6 AI（Artificial Intelligence）

　AIとは、人間の知的な機能を模倣するコンピュータプログラムやシステムです。学習、推論、自己修正、認識などの機能を持ち、特に、機械学習や深層学習、大規模言語モデルなどの技術が注目されています。

●効率化：大量のデータを迅速に分析し、意思決定をサポート。

●精度の向上：人間のバイアスや誤差を排除し、より正確な分析や予測を行うことが可能。

●コスト削減：一部の作業を自動化することで、人手や時間のコストの削減が可能。

●新たな発見：従来の方法では見落とされていたパターンや関連性を発見することが可能。

建設業では、過去のデータを基に、工事の遅延やコストオーバーランを予測できます。また、画像認識を利用して、現場の写真やビデオから、安全違反や品質問題を自動的に検出することが可能です。

さらに、AIを組み込んだロボットやドローンを使用して、特定の作業を自動化するなど、様々な利用方法が現在模索されています。

7 情報セキュリティ

情報セキュリティとは、情報と情報システムを脅威から守るための技術、ポリシー、手段の総体です。情報の機密性、完全性、利用可能性を確保することを目的とします。セキュリティの主な要素としては、以下の項目が挙げられます。

● **機密性**（Confidentiality）
情報が許可された者だけがアクセスできる状態を保つこと。

● **完全性**（Integrity）
情報が正確で未変更の状態を保つこと。

● **利用可能性**（Availability）
情報が必要なときに、継続して情報にアクセスできる状態を保つこと。

建設プロジェクトに関する情報（契約書、図面、見積りなど）は、ビジネス上の重要な情報であり、外部からの不正アクセスや情報漏洩を防ぐ必要があります。

クラウドコンピューティングやモバイル技術の利用が増えることで、情報が多くの場所やデバイスで共有されるようになり、セキュリティ対策の重要性が高まっています。

主な対策として、以下のようなものが挙げられます。

- ファイアウォール

  外部からの不正なアクセスを防ぐためのセキュリティシステム。

- エンドポイントセキュリティ

  個々のデバイス（PC、スマートフォンなど）のセキュリティを強化。

- 暗号化

  データを読み取り不可能な形式に変換し、不正アクセス時の情報漏洩を防止。

- 二要素認証

  パスワードだけでなく、もう一つの要素（例：SMSコード、トークンなど）を使用してユーザーを認証。

- セキュリティトレーニング

  従業員のセキュリティ意識を高めるため、定期的な研修やトレーニングが必要。

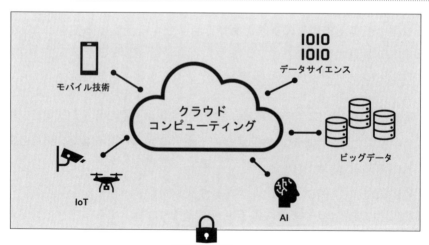

2 基盤構築サービス

　バックオフィスDXを構築するに当たり、代表的な9つの「基盤構築サービス」について解説します。

① ストレージサービス

② コミュニケーションツール

③ RPA（Robotic Process Automation）

④ ノーコード・ローコード開発環境

⑤ BI（Business Intelligence）ツール

⑥ AI-OCR（AI-Optical Character Recognition）

⑦ 音声認識

⑧ 顔認証技術

⑨ 生成系AI（ChatGPT）

■ ストレージサービス

　クラウドストレージは、オンライン上でファイルを共有することのできるサービスのことです。クラウドストレージを活用することで、社内のペーパーレス化を推進することが可能となります。

　ペーパーレス化は、DXを推進するうえでの第1歩目と言えます。紙書類をデータ化して保存・共有することにより、書類の印刷・発送・管理によるコストが削減できるほか、そこにかかる人的リソースも削減することができます。

　DXにおける「ペーパーレス化」は、業務が手作業からデジタルにシフトする「ビジネスプロセスの改善」を実現することにつながります。そのため、DXに取り組む際には、「プロセスの削減・手作業の削減」という

観点でペーパーレス化に取り組む必要があります。

クラウドストレージの導入によりペーパーレス化が進むと、次のような効果をもたらします。

◆業務生産性向上

ビジネスプロセスが手作業からデジタルに置き換わることで、業務の処理速度が圧倒的に短縮され、担当者は空いた時間を経営分析や経営判断に関わる業務、人材育成など、本来取り組むべき業務に時間を投入することができるようになります。

◆業務精度の向上

定型業務が自動化されることで、手作業によるミスやエラーが減り、業務処理の精度が向上します。また、業務手順も標準化されるため、業務の属人化が解消され、人手不足でも品質を維持することができます。

◆コスト削減

ペーパーレス化が進むと、紙への印刷・保管・郵送等にかかるコストが削減できます。さらに、業務が自動化することで、人件費・時間コストも削減できます。

◆働き方改革の実現

ストレージサービスを導入することで、オフィス外でもインターネットを介してすべての業務に対応することができます。そのため、どんな場所にいても働けるため、介護や育児など家庭の事情を抱える従業員の満足度も向上します。

◆ BCP 対策

災害や非常事態等の、出社が困難な状況下でも業務を滞りなく進めることができるため、事業継続の面でも大きな効果をもたらします。

◆環境保護、SDGs 対応

紙資源を無駄にしないサステナブルでエコロジーな企業を目指すことができます。

以下に代表的なクラウドストレージサービスを挙げますが、DX化を進めるうえで自社の「ビジネスプロセスの改善」にマッチしたサービスを選定する必要があります。

図表1：代表的なクラウドストレージ製品

製品名		無料プラン	低価格プラン	特徴
	Microsoft 365	5GB ◎	100GB／ID 2,440円／年	Microsoft Office製品との整合性がよい。個人用に向いている。
	Google Drive	15GB ◎	100GB／ID 2,500円／年	Google Workspaceに含まれる。コラボレーション作業に向いている。
box	Box	10GB ◎	100GB／ID 15,840円／年	ID課金で高額だが、クラウド保存のみで容量無制限なので、大企業ユーザが多い。
	Dropbox	2GB ◎	2TB／ID 14,400円／年	低価格、大容量、ID課金。ローカルファイルをクラウド同期。個人ユーザが多い。
fileforce	fileforce	1か月 無料 ◎	10GB／50ID 10,800円／年	容量指定だが、利用者ID数が無制限で使えるので、中小建設業ユーザが多い。

2 コミュニケーションツール

コミュニケーションツールとは、業務遂行に必要な情報を効率的に共有・管理するためのデジタルツールやプラットフォームを指します。これにより、チームのコミュニケーションが向上し、業務の効率化や生産性の向上が期待されます。

建設業界は、多くのプロジェクトやステークホルダーが関わるため、情報の正確な共有や迅速な意思決定が求められます。コミュニケーションツールを導入することで、現場とオフィス、さらに協力会社など外部パートナーとのコミュニケーションをスムーズにすることができます。

(1) チャットツール

SNS等のチャットによるコミュニケーションは、個人ではすでに普及していますが、業務上の関係者間の連絡手段としても有効なツールです。

テレワークの普及した昨今においては、メールより手軽で素早いやり取りを行うことが可能です。

◆手軽な連絡手段

チャットツールは、メンバー間でのコミュニケーションをスムーズかつ手軽に行う手段を提供します。従来のメールや電話とは異なり、リアルタイムでのやりとりが可能であり、即時性を要するコミュニケーションにおいて特に威力を発揮します。また、スマートフォンやPCからアクセス可能であるため、場所を選ばず、タイムリーなコミュニケーションを実現します。

◆複数メンバーと同時にやりとり可能

グループチャットやチャンネル機能を利用することで、複数のメンバーと同時に情報交換を行うことができます。これにより、チーム内でのアイデアの共有や、迅速な意思決定をサポートし、プロジェクトをスムーズに進行させる手助けとなります。また、オンラインミーティング機能を利用すれば、遠隔地にいるメンバーとも顔を見ながらコミュニケーションをとることが可能です。

◆プロジェクトごとの情報共有

プロジェクトごとにチャンネルやグループを作成することで、関連するメンバー間での情報共有を効率的に行うことができます。これにより、プロジェクトの進捗状況や必要なリソース、重要なアップデートを関係者全員がタイムリーに把握することが可能となり、誤解や情報の遅れを最小限に抑えることができます。

◆記録の保持

チャットツールは、送受信されたメッセージやファイルの履歴を自動で保存し、後から容易にアクセスすることができます。これにより、過去のコミュニケーションを追跡し、何が話され何が決定されたのかを明確にすることができます。また、検索機能を利用すれば、必要な情報を迅速に見つけ出すことも可能であり、情報管理の手間を大幅に軽減します。

代表的なチャットツールを以下に例示します。

◆ Slack

- **特徴**：リアルタイムメッセージングとファイル共有、多くのサードパーティアプリとの統合が可能。
- **メリット**：豊富な統合機能、カスタムリマインダーやボットの利用が可能。
- **デメリット**：一部の高度な機能は有料プランでのみ利用可能。

◆ Chatworks

- **特徴**：メッセージング、タスク管理、ファイル共有が一つのプラットフォームで可能。
- **メリット**：タスク管理機能が充実しており、プロジェクト管理を強力にサポート。
- **デメリット**：サードパーティアプリとの統合の種類は限られている。

◆ Google Chat

- **特徴**：Google Workspace の一部として提供され、その他の Google アプリケーションとシームレスに連携。
- **メリット**：Google Workspace ユーザーとの連携が強力。ドキュメントやスプレッドシートを直接共有・編集可能。
- **デメリット**：Google Workspace 以外のツールとの連携が弱い可能性がある。

◆ direct

> - **特徴**：チャット、通話などの連絡手段に加えて"タスク"、"スケジュール"、"掲示板"がトークグループと連動する建設現場向けコミュニケーションツール。
> - **メリット**：誰でもすぐに使えるため、教育や導入の手間がかからず現場での定着が早い。
> - **デメリット**：大手建設企業では高評価で導入実績が多いが、中小建設企業では LINE WORKS の方が知名度が高い。

(2) Web会議ツール

　昨今のコロナ禍により、テレワークや Web 会議のニーズは飛躍的に向上しました。

　日本では、DX の推進という流れではなく、コロナ禍対策で必要に迫られて導入した企業が多いと思いますが、海外では「重要な案件は対面で話す」というような考え方より、移動の時間やコストなど、以下のような合理的な理由によって早くから取り入れられてきました。

◆コスト削減

　旅費や移動時間のコスト、物理的な会議室の維持や設備投資のコストを削減します。

◆時間の効率化

　移動時間が不要になるため、生産性が向上します。また、スケジュール調整が容易になり、即座に会議を開始できます。

◆柔軟性の向上

　場所を問わずに会議が可能となり、多地点からの参加や、外部のパートナーや顧客との接続が容易に可能です。

◆環境への配慮

　出張や移動の削減により、CO_2排出量を削減できます。

◆デジタル資料の活用

　紙の資料やハードコピーの必要性が減少します。また、デジタル資料を
リアルタイムで共有・編集できます。

◆記録とアーカイブ

　会議の録画が可能で、後から内容の確認や議事録の自動生成、内容の共
有が容易になります。

◆グローバルな対応

　異なるタイムゾーンや地域からの参加が容易です。システムによって
は、リアルタイムの翻訳機能も提供されています。

　これらのメリットを活かすことで、企業はより迅速かつ効果的な意思決
定を行い、競争力を高めることができます。

　図表2は各製品の主な特徴を簡単に比較したものです。実際の使用シー
ンやニーズに応じて、各製品の公式サイトで詳細な情報を確認することを
おすすめします。

(3) グループウェア

　グループウェアは、組織内のコミュニケーションや業務の効率化をサ
ポートするためのソフトウェアやオンラインサービスです。これにより、
メンバー間の情報共有、スケジュールの調整、タスクの管理などが容易に
なります。

　建設業界では、多くの部門や外注業者等が関わるため、情報の一元管理
や迅速なコミュニケーションが求められます。グループウェアを導入する
ことで、組織や工事現場での情報の流通をスムーズにし、業務の効率化を
実現します。

　主な機能は以下の通りです。

◆メール・メッセージング

　社内外のコミュニケーションをサポートします。重要な連絡事項や議論

第1章　建設業バックオフィス DX を支える最新 ICT（情報通信技術）

図表2：代表的な Web 会議ツール

特徴 / 製品	Zoom	Teams （Microsoft Teams）	Meet （Google Meet）
提供元	Zoom Video Communications	Microsoft	Google
最大参加者数	100（基本無料版） 1,000（有料版による）	300（通常） 10,000（ライブイベント）	100（Basic） 250（Enterprise）
ビデオ品質	HD	HD	HD
画面共有	あり	あり	あり
バーチャル背景	あり	あり	あり
録画機能	あり（クラウド / ローカル）	あり（クラウド）	あり（クラウド）
統合された チャット機能	あり	あり	あり
セキュリティ	エンドツーエンド暗号化、 パスワード保護、ウェイ ティングルーム	2要素認証、エンドツーエ ンド暗号化、セキュアゲス トアクセス	2要素認証、エンドツーエ ンド暗号化
統合	多数のアプリとの統合可能	Office 365 との深い統合、 他多数のアプリとの統合	Google Workspace との統 合、他の Google サービス との統合
価格	無料版あり、有料版で追加 機能	Office 365 の一部として提 供、別途有料プランあり	Google Workspace の一部 として提供

の履歴を一元的に管理できます。

◆カレンダー・スケジュール管理

　メンバーの予定や会議のスケジュールを共有し、人員の配置や稼働予定等を可視化することができます。

◆タスク・プロジェクト管理

　タスクの割り当てや進捗のチェック、プロジェクトのマイルストーンや期限を可視化することができます。

◆文書管理

　社内の文書やファイルを一元で管理できます。また、バージョン管理や

アクセス権限の設定も可能です。

　また、複数のユーザーが同時に同じ文書をオンライン上で編集すること
が可能です。

◆掲示板・フォーラム

　社内のニュースやお知らせを共有でき、メンバー間のディスカッション
や意見交換等が可能です。

図表3：代表的なグループウェア

機能 / 製品	サイボウズ Office	NeoJapan Desknet's	Microsoft Office365	Google workspace
メール	○	○	○ (Outlook)	○ (Gmail)
カレンダー	○	○	○ (Outlook)	○ (Calendar)
タスク管理	○	○	○ (Planner)	○ (Tasks)
掲示板	○	○	△	△
ファイル共有	○	○	○ (OneDrive)	○ (Drive)
ビデオ会議	△	△	○ (Teams)	○ (Meet)

❸ RPA（Robotic Process Automation）

　RPAとは「Robotic Process Automation」の略称であり、ロボットに
よる業務自動化ツールのことを指します。

　RPAを活用することにより、パソコンで行う単純作業や定型業務等の
自動化が可能となり、業務効率の改善につながります。

　なお、RPAによる業務の自動化は、定型的な反復作業に限定されるた
め、非定型業務や人の判断が必要な作業には不向きとされています。

(1) RPA 導入による主なメリット

- 社内作業工数の大幅な短縮、コスト削減が見込めます。
- 従業員の負荷削減が見込めます。
- ヒューマンエラーやミスの抑制につながります。

(2) RPA ツールの選定ポイント

◆操作性で選ぶ

RPA ツールの操作性の良さという観点で選ぶことが大切です。

使いやすい UI や直感的な操作が可能だと、プログラミング知識がない人でも簡単に使用できるようになるため、導入コストや学習コストを抑えられます。

◆業務に適した機能の有無で選ぶ

業務の自動化に必要な機能があるかという観点で選ぶことが大切です。

多機能（高機能）な RPA ツールでも、業務の自動化に必要な機能がないと役に立たないため、事前に自動化させる業務（データ処理や手順が決まった作業等）を明確にし、把握しておくことが重要となります。

◆連携ツールで選ぶ

RPA ツールがブラウザ、Office 製品、自社開発ツール、アプリケーションとの連携が可能かという観点で選ぶことが大切です。

自社で使用しているシステムやアプリケーションと連携できない場合、RPA ツールと連携させるためだけに、他のアプリケーションを用意する等の余計なコストがかかる可能性があります。

◆サポート体制の有無で選ぶ

サポート体制があるかという観点で選ぶことが大切です。

RPA ツールを初めて導入する際や、導入後に発生する様々なトラブルに対し、適切なサポートを受けることができると、安定的な RPA の運用が可能となります。

なお、RPAツールにより、有料でサポートを受けられる場合があります。

◆**コストパフォーマンスで選ぶ**

RPAツールにより機能、費用（無料、有料（初期費用・年間費用の有無））に差があるため、機能に対してコストが見合っているか（コストパフォーマンス）という観点で選ぶことが大切です。

コストパフォーマンスが高いツールを選ぶことで、RPAツールを効果的に使用できます。

また無料トライアルの有無も選択ポイントになります。

実際にツールを試すことで、操作性、自社の業務に適した機能があるかどうかを導入前に評価できます。

(3) RPAの業務フロー作成における注意点

◆**オブジェクト認識（HTML解析）がうまくいかない場合**

オブジェクト認識がうまくいかない場合、画像認識で対応できるか検討する必要があります。画像認識でもうまくいかない場合、座標指定等の別の対応が求められます。

※RPAのオブジェクト認識方法
①　HTML解析によるオブジェクト認識
　アプリケーションやWebページ等の構造解析を行い、処理対象を検出することで処理を実行する方法です。
②　画像認識
　あらかじめ特定の画像をロボットに記憶させ、記録した画像と画面上の画像との一致により処理を実行する方法です。
③　座標指定
　画面上の対象位置を座標として指定し、処理を実行する方法です。

◆　**（Web操作時）サイトの構成が変わっていないか確認する**

サイト構成が変更されると、既存のシナリオ（RPAによる自動化の作業手順）では対応できなくなります。サイト構成が変更された際は、シナリオを修正して対応します。

第1章　建設業バックオフィス DX を支える最新 ICT（情報通信技術）

> ※ RPA のシナリオ
> 　ロボットによる業務自動化の作業手順を指します。

◆ RPA ツール以外の別のアプリケーションが立ち上がっていないか確認する

　別のアプリケーションが起動している場合、RPA の実行が妨げられるおそれがあります。基本的に RPA の実行時は、RPA 以外に余計なアプリケーションを立ち上げずに実行します。

図表 4：代表的な RPA 製品

名称	Power Automate			
価格	【有償版】 ・Power Automate プレミアム：1,875 円/月（1 ユーザー） ・Power Automate プロセス：18,750 円/月（1 ボット） ※複数人でのフロー共有、スケジュール実行等が可能			
操作性	○	主な機能		
		テンプレート機能	レコーディング機能	スケジューリング機能
		○	○	○ （有償版により可能）
対応 ソフト	・ブラウザ（IE、Edge、Chrome、Firefox） ・Office 製品（Excel、Access、Word、Outlook 等） ・各ツール（Office365、Slack、GitHub 等） ・各 SNS（Facebook、X（旧 Twitter）等） ※ 600 種類以上のアプリ／サービスと連携可能			

名称	UIPath			
価格	【有償版】 [小規模事業者向け] Pro：＄420/ 月〜 [中規模〜大規模事業者向け] Enterprise：要問合せ			
対応 ソフト	○	主な機能		
		テンプレート機能	レコーディング機能	スケジューリング機能
		○	○	○ （管理ツール（UiPath　Orchestrator）により可能）
対応 ソフト	・ブラウザ（IE、Edge、Chrome、Firefox） ・Office 製品（Excel、Access、Word、Outlook 等） ・SAP や Salesforce 等の業務ツール、ホストコンピューターのターミナルで動作するツール等の幅広い環境に対応			

110

第1節　バックオフィスDXを構築する際に知っておくべき7種類の「DXを支える基盤技術」と9種類の「基盤構築サービス」

名称	WinActor		
価格	【ノードロック方式（1ライセンスで1端末使用可）】 ・フル機能版：998,800円/年（税込） 　※業務自動化のシナリオ作成・編集・実行 ・実行版：272,800円/年（税込） 　※フル機能版が作成したシナリオ実行のみ 【フローティングライセンス版】 ・フル機能版：オープン価格 ・実行版：オープン価格 ・管理実行版：オープン価格		
操作性 ○	主な機能		
	テンプレート機能	レコーディング機能	スケジューリング機能
	○	○	○ （Windows「タスクスケジューラ」またはオプション製品（WinDirector）により可能）
対応ソフト	・ブラウザ（IE、Edge、Chrome、Firefox） ・Office製品（Excel、Access、Word、Outlook等） ・ERP、OCR、ワークフロー（電子決裁）、個別システム、共同利用型システム 　※基本的にWindows上の全アプリケーションに対応		

名称	ロボパットDX		
価格	・フル機能版：12万円/月（1ライセンス）（税別） 　※ロボシナリオの作成・実行 ・実行専用版：4万円/月（1ライセンス）（税別） 　※ロボシナリオの実行と簡易な修正のみ ・レンタルRPA：19,800円/回 　※レンタル期間：2泊3日（利用可能日の6:00～翌々日22:00） 　※1社月2回まで利用可能		
操作性 ○	主な機能		
	テンプレート機能	レコーディング機能	スケジューリング機能
	×	△ （Web画面操作の自動記録のみ）	○ （標準搭載）
対応ソフト	・ブラウザ（すべて） ・Office製品（Excel、Access、Word、Outlook等） ・自社開発ツール含む、すべてのソフト		

第1章　建設業バックオフィスDXを支える最新ICT（情報通信技術）

名称	BizRobo!			
価格	【大規模運用向け】 ・BizRobo!Basic（ロボット実行数無制限）：792万円／年（税別）＋別途初期費用 ・BizRobo!Lite（同時稼働ロボット1台）：初期費用30万円（税別）＋基本利用料金：120万円／年（税別） ・BizRobo!Lite+（同時稼働ロボット2台）：初期費用30万円（税別）＋基本利用料金：180万円／年（税別） 【小規模運用向け】 ・BizRobo!Mini（デスクトップ型）：90万円／年（税別）			
操作性	×	主な機能		
		テンプレート機能	レコーディング機能	スケジューリング機能
		○	×	○ （標準搭載）
対応ソフト	・ブラウザ（BizRobo！独自のブラウザ） ・Office製品（Excel、Access、Word、Outlook等） ・Google、Salesforce、box、kintone、slack、chatwork、楽楽精算、会計フリー、Garoon等			

> ※おすすめのRPAツール
> 　無料で使用でき、現場レベルで簡単に操作可能な、有料RPAツールと同等の機能を持つ「Power Automate」が、RPAの導入版としておすすめです。
> 　なお、スケジューリング、業務フロー（シナリオ）を共有する場合、有償版へのアップグレードが必要となります。

４　ノーコード・ローコード開発環境

(1) ノーコード・ローコード開発の意義

　ノーコード・ローコード開発とは、従来のプログラミングスキルを必要とせずに、ビジュアルなインターフェースを用いてアプリケーションを開発する方法を指します。特にノーコード開発ツールを使うと、専門のエンジニアでなくても、ソフトウェアを作成し、ビジネスの自動化や効率化を進めることができます。

112

◆ノーコード開発ツールの主な特徴

- ●誰でも開発に参加できる
- ●専門のエンジニアが不要
- ●ツール利用で機能追加が簡便化
- ●大規模開発には不向き
- ●自由度や拡張性は高くない

◆ローコード開発ツールの主な特徴

- ●ノーコードと比較して汎用性や拡張性が高い
- ●機能が限定的にならない
- ●既存システムとの連携も可能
- ●UI 等のパーツ自体の拡張性は低い

　業務の自動化は、人間が行う繰り返しの作業を機械が行うようにすることで、エラーの削減、時間とコストの節約、生産性の向上などを可能にします。

　代表的なノーコード開発ツール 8 種を、以下に示します。

◆ Cybozu kintone

- ●**特徴**：データベースアプリケーション開発を主眼に置いたノーコードプラットフォーム。
- ●**メリット**：ユーザーフレンドリーな UI と、多くのプリセットテンプレート。
- ●**デメリット**：高度なカスタマイズが必要な場合、一定の技術的なスキルが求められる。

◆ NeoJapan AppSuite

- **特徴**：企業の業務フローをデジタル化するためのアプリケーション開発ツール。
- **メリット**：業務プロセスの効率化にフォーカスした機能提供。
- **デメリット**：UI がやや古めで、直感的でない場面がある。

◆ JUST.DB

- **特徴**：データベース中心のアプリケーション開発をサポート。
- **メリット**：データベース操作をメインにしたシンプルな操作感。
- **デメリット**：UI/UX のカスタマイズに限界がある。

◆ WebPerformerNX

- **特徴**：ウェブアプリケーションの開発をサポートするツール。
- **メリット**：ウェブベースのアプリケーション開発に強い。
- **デメリット**：他のプラットフォームとの連携が弱い部分がある。

◆ Wagby

- **特徴**：企業向けの業務アプリケーション開発ツール。
- **メリット**：豊富なテンプレートと、業務アプリケーション開発に特化した機能。
- **デメリット**：ツール自体の学習曲線がやや急な部分がある。

◆ 楽々 Framework

- **特徴**：業務アプリケーションの開発をサポートするフレームワーク。
- **メリット**：日本の企業向けにローカライズされた機能とサポート。
- **デメリット**：英語サポートや国際的な拡張性が限定的。

◆ Microsoft Power Platform

- **特徴**：Microsoft のエコシステム内で動作するアプリケーション開発プラットフォーム。
- **メリット**：Microsoft 製品との高い互換性と連携。
- **デメリット**：他のエコシステムとの連携に制約がある。

◆ Google AppSheet

- **特徴**：Google Cloud 上で動作するノーコード開発プラットフォーム。
- **利点**：Google Cloud とのシームレスな連携。
- **デメリット**：高度なカスタマイズが制限される場合がある。

(2) ノーコード開発とリスキリング

　働き方改革など事業環境の激変や技術革新に対応する DX の必要性について述べてきました。DX を構築するには、DX 基盤技術を理解して、DX構築サービスを使いこなす IT スキルを持つ DX 人材が必要ですが、多くの企業が DX 人材の不足を、最大の課題として挙げています。

　この課題を解決するために必要な知識やスキルを学び直す「リスキリング」が注目されています。企業は自社の継続的な成長のため、従業員の能力を開発し続けつつ、個人のキャリア形成を支える「リスキリング」は、現代の働き方改革において不可欠な要素となっています。

　より具体的に、リスキリングで期待される人材について解説します。

① ビジネスデザイン思考を持つ人材

　ビジネスデザイン思考とは、未知の問題に対する解決策を見つけ出し、ビジネスに新たな視点をもたらして新事業を開拓できるスキルです。

② プログラミングスキルを持つ人材

　高齢化が進む日本では、プログラミングスキルを持つ人材不足が深刻な問題になっており、ローコード開発・ノーコード開発に期待が高まってい

ます。

③ 統計やデータ分析スキルを持つ人材

過去からの経験だけでなく、ビッグデータから新しい洞察を得るデータサイエンティストは、成長に不可欠な人材です。

リスキリングが求められている状況に対応した、企業内のすべてのユーザーがノーコード開発に取り組める DX 構築サービスが提供されています。その一例として、Microsoft Power Platform を紹介します。

【参考製品】Microsoft Power Platform

Power Platform とは、「Power Apps」「Power Automate」「Power BI」「Power Pages」「Power Virtual Agents」の 5 つのサービスで構成されている、業務自動化・効率化ツールのオールインワン製品です。

Power Platoform の製品群

● Power Apps：ノーコード開発

● Power Automate：RPA

● PowerBI：BI ツール

● Power Pages：Web サイト開発

● Power Virtual Agents：チャットボット開発

各サービスは、Power Platform の標準データ保管領域である「Dataverse」と接続して、データを中心に相互連携することができます。

また、Office365 等の他サービスと連携できる「コネクタ」や、初期設定済みの AI を簡単に呼び出しできる「AI Builder」といった共通サービスがあります。

第1節　バックオフィスDXを構築する際に知っておくべき7種類の「DXを支える基盤技術」と9種類の「基盤構築サービス」

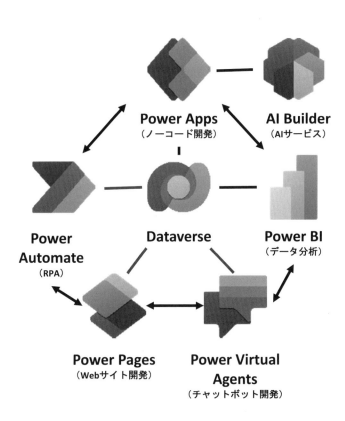

なお、GPTベースの次世代AI Copilot（コパイロット）との連携で対話形式で作成が可能になる機能も搭載されました。

117

5 BI（Business Intelligence）ツール

BI（Business Intelligence）ツールは、企業の業務データを収集、整理、分析し、視覚的な「ダッシュボード」や「レポート」として情報を提示するソフトウェアやサービスを指します。これにより、経営者やマネージャーはデータベースの情報を直感的に理解し、より効果的な意思決定を下すことができます。

建設業界は、多くのプロジェクトやステークホルダーが関わる複雑な業界です。コスト、スケジュール、品質、安全性など、多くのKPI（Key Performance Indicator）を一元的に把握・管理する必要があります。BIツールを利用することで、これらの情報をリアルタイムで視覚的に確認し、迅速な意思決定をサポートします。

◆プロジェクトの進捗管理

各プロジェクトのスケジュールやコストの進捗をダッシュボードで一覧表示が可能です。それにより、工事の遅延やコストオーバーのリスクを早期に検出することができます。

◆資材・機械の管理

使用中の機械や在庫の資材をリアルタイムで確認できます。

また、資材の発注時期や機械のメンテナンススケジュールを最適化することが可能です。

◆安全性・品質のモニタリング

事故発生率や品質違反の情報を集約し、原因分析や対策の検討をサポートします。

◆財務・経営指標の分析

収益、利益率、キャッシュフローなどの経営指標を視覚的に分析でき、事業戦略の策定や投資判断のサポートができます。

図表 5：代表的な BI ツール

機能 / 製品	Power BI	Tableau	Google Data Studio	Actionista!	Domo
データ接続	◯ (多数のソース)	◯ (多数のソース)	◯ (主に Google 製品)	◯	◯ (多数のソース)
ダッシュボード作成	◯	◯	◯	◯	◯
ドラッグ＆ドロップ UI	◯	◯	◯	△	◯
リアルタイム分析	◯	◯	◯	△	◯
モバイルアクセス	◯	◯	◯	△	◯
AI 統合	◯	◯	△	△	◯
価格	中	高	低 (無料オプションあり)	中	高

6 AI-OCR（AI-Optical Character Recognition）

AI-OCR とは AI（Artificial Intelligence：人工知能）と OCR（Optical Character Recognition/Reader）を組み合わせた技術で、手書きや印刷された文字を読み取りデジタルの文字コードに変換する仕組みに AI を組み込み、文字認識精度の向上を図っています。

近年では AI 技術が発達し、枠からはみ出るような手書き文字を読み取れるようになったり、正面以外の角度で撮影された名刺や帳票の画像からでも歪み補正を行い識別できるようになるなど、実用的な AI-OCR サービスが登場しています。

また、RPA ツールとの相性がよく、例えば紙で発行された帳票を所定のサーバーフォルダにスキャンすることで、RPA ソフトが定期的に巡回し、新しいスキャンファイルをデータ化する等の一連の作業が自動で実行できるようになります。

(1) 導入するメリット

- 紙で発行された伝票・帳票のデータ入力作業を短縮
  - ⇒空いた工数を別の業務に割くことで、生産性の向上を図る
- 手入力により発生していた入力ミスの削減
  - ⇒ AI 技術の進歩により、文字の認識ミスが手入力のミスより少なくなっている

(2) AI-OCR サービス選定のポイント

◆認識率の高さ

認識率が低いほど、OCR 後の確認・修正作業がかえって負担になります。

試用版の利用や選定先に問い合わせる等して、AI-OCR で読み取りたいと考えている帳票がどれくらいの認識率になるのか確認しましょう。

また、読み取ろうとしている帳票のフォーマットが定型か非定型かによって、認識率に差が出ます。

ソフトによって「定型だと非常に高い認識率だが、非定型では著しく低下する」、「それなりに高い認識率で、定型・非定型どちらでも安定している」といった特徴に差が出ます。

◆帳票の仕分け機能

AI-OCR サービスによっては、読み取った帳票のパターンを自動で識別して仕分けしてくれる機能があります。

複数の帳票を取り扱う必要がある業務では、仕分け作業にかかっていたコストの削減も狙うことができます。

◆価格・コスト

AI-OCR の料金体系は、買い切り（サポート有り・無し）、定額料金、従量課金等様々です。

月単位・週単位・日単位でどれくらいの枚数の帳票をデータ入力する必

要があるのか、閑散期・繁忙期でばらつきがあるのかきちんと把握したうえで、認識率（修正コスト）とのバランスを見つつ選定しましょう。

◆ UI・UX

どんなに高性能なAI-OCRであっても、必ず確認・修正作業は必要になります。

また、実際に作業する人にとって設定が手間だったり、使いにくいUIであれば業務の効率化にはつながりにくくなります。

したがって、OCRの設定や修正の際に利用することになるUI・UXの良さは無視できない判断基準です。

AI-OCRサービスによっては、読み込んだ帳票内での数値の整合性を確認する機能や、通常とは異なるパターンが発見されたときにアラートを出力する機能等が搭載されているので、AI-OCRで読み取りたい帳票はどこをチェックして「問題なし」と判断しているか確認しましょう。

◆ 前工程・後工程を担うソフト・ツール・アプリケーションとの連携

例えば郵送で紙の請求書が送られてくるとすると、前工程では請求書をスキャンするリーダーや複合機との連携、後工程ではデータベースや会計ソフト等との連携ができるのか、できない場合でもRPAで繋げることで解決できるのか、といった要素も選定基準として考慮する必要があります。

◆ サポート体制

AI-OCRサービスに限らず、導入時や有事の際に迅速に対応してくれるサポート体制が構築されているかどうかは確認しておきたいポイントです。

サポート体制の充実度はサービス使用料とトレードオフの関係になっていることが大半ですので、AI-OCRを組み込む業務の重要度を加味して選定しましょう。

◆ セキュリティ要件

機密情報や個人情報を取り扱う必要がある場合、自社のセキュリティポ

第1章　建設業バックオフィス DX を支える最新 ICT（情報通信技術）

リシーによってはクラウドサービスを導入できないことも考えられます。

その場合は閉域網、インストール、オンプレミスでの導入ができるサービスを選定しましょう。

図表6：代表的な AI-OCR サービス

サービス名	OCR エンジン	主な機能			提供サービス構成		
		OCR設計	文書仕分け	外部連携	クラウド	デスクトップ	オンプレミス
AnyForm OCR	AI ＋非 AI	自動	あり	Web API、RPA、DB 接続		○	○
SmartRead	AI	手動	あり	Web API、RPA	○		○
スマートOCR	AI ＋歪み補正 AI	自動	あり	Web API	○	○	○
DEEPREAD	AI	自動	あり	Web API	○		○
FormOCR	AI ＋非 AI	手動	なし			○	○

７ 音声認識

音声認識技術は、音声からテキストデータへの変換を可能にする技術です。

音声をマイクロフォンや録音デバイスを通じて収集し、デジタル信号に変換され、コンピューターで処理可能な形式に変換されます。その後、デジタル音声データを解析し、言葉やフレーズを認識してテキストデータに変換します。このデータは様々なアプリケーションで利用されることとなります。

近年では音声認識に必要な言語モデルとトレーニング技術が発展しており、大規模なデータセットを使用して、システムは特定の言語や言語パターンを認識するためのモデルが構築されています。

バックオフィスでの音声認識技術の利活用方法は、以下の通りです。

◆会話型データ入力

　口頭で情報を入力できるため、従来のキーボード入力よりも簡単かつ迅速にデータを記録できます。例えば、会議の議事録や現場での録音、進捗状況のレポート、トラブルシューティングなど、様々な情報を記録できます。

◆文書作成の自動化

　音声認識技術を使用して、報告書、プレゼンテーション、メールなどの文書を自動的に生成できます。これにより、文書作成にかかる時間と手間を削減し、エラーの可能性を減らすことができ、建設業関連文書の生成が容易になります。

◆タスク管理とスケジュール管理

　音声認識技術を使用して、タスクや予定の管理を効率化できます。声で指示を出すことで、タスクの割り当てや期日の設定が容易になり、スケジュールをリアルタイムで調整できます。これにより、プロジェクトの進捗管理が向上し、納期遵守が容易になります。

◆データ検索と分析

　音声認識技術を使用して、膨大なデータベースやプロジェクトドキュメントから必要な情報を迅速に検索できます。また、音声認識はデータの解析にも利用でき、プロジェクトの傾向やパフォーマンスの改善点を特定するのに役立ちます。

◆コラボレーションとコミュニケーション

　音声認識技術を用いて、リモートでのコラボレーションが向上します。ビデオ会議中に音声をテキストに変換することで、コミュニケーションの効率化が図れます。また、異なる場所にいるスタッフとのコミュニケーションが円滑に行えます。

第1章　建設業バックオフィス DX を支える最新 ICT（情報通信技術）

　バックオフィスでの音声認識技術の利活用は、建設業界における効率化と生産性向上に大きな貢献をします。これにより、作業時間の短縮、ヒューマンエラーの低減、スムーズなコミュニケーションなどが実現でき、プロジェクトの成功に寄与します。

8 顔認証技術

　顔認証技術は、映像や画像の中から人を判断する技術です。

　画像の中から「顔がどこにあるか」を検出し、瞳、鼻、口など、「その人の顔の特徴的なポイントがどこにあるか」を見つけ、検出された顔の特徴から「誰であるか」を判定するという、高度な分析を要するものです。

　顔認証は、なりすましが困難なためセキュリティが高く、物理的なカギを持ったり、パスワードを設定する必要がありません。一般的な Web カメラも利用可能であり、専用装置が不要で導入しやすく、利便性に優れるなどの特長を持っています。

　建設業界においては、作業員の建設現場への入退場に利用が可能です。高度な認証技術とGPS位置情報で「誰が、いつ、どこにいるか」を正確に把握できます。特別な設備は一切必要なく、日々の入退場記録はクラウドサービスと連携しているため、入退管理業務の負荷とコストが大幅に削減されます。

◆建設キャリアアップシステムとの連携

　建設キャリアアップシステムは、建設業界の労働者のスキルや経験、資格情報を一元管理するシステムです。顔認証システムとの連携により、労働者が現場に入場する際に、その人物のスキルや資格情報をリアルタイムで確認することが可能となります。これにより、特定の作業や機器の操作を許可された資格を持つ労働者のみが、その作業を行うことを確実にすることができます。また、労働者のキャリアアップのための研修や教育の履歴もこのシステムで管理されるため、現場でのスキルアップの取組みや、適切な人材の配置をより効率的に行うことが可能となります。

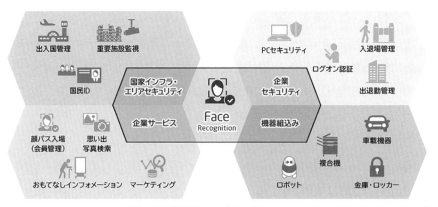

出典：NEC 顔認証とは（https://jpn.nec.com/biometrics/face/about.html）

◆現在提供されている主な顔認証サービス

- NEC 建設現場顔認証入退管理サービス・建設現場顔認証 for グリーンサイト
- パナソニックコネクト　顔認証クラウドサービス「KPAS クラウド」

9 生成系 AI（ChatGPT）

近年、AI 技術は急速に発展し、我々の生活やビジネスに大きな影響を与えています。特に、業務効率化や業務自動化の領域では、生成系 AI は次のような新しい可能性をもたらしています。

① プロセスの自動化

AI を活用することで、ルーチンワークや繰り返し作業を自動化することができます。

② データ解析と予測

AI は大量のデータを処理し、パターンや傾向を発見するのに役立ちます。企業は過去のビッグデータから学ぶことで、将来予測の精度を高めることが可能です。

③ 自動化された意思決定

　AIは機械学習や深層学習を用いて、特定の条件やパターンに基づいて自動的に意思決定を行うことができます。

④ RPA の高度化

　RPA と AI を組み合わせて判断を自動化することで、より複雑なタスクが実行可能となります。

　その中でも特に注目されている「ChatGPT」と「大規模言語モデル（LLM）」について紹介します。

◆ ChatGPT

- AI（人工知能）の一種で、OpenAI によって開発された自然言語処理（NLP）モデル。これは、Large Language Models（LLM）という大規模な言語モデルの一部となっている。
- 人間が自然に使用する言語を理解し、生成することができる。
- メール、チャットボット、カスタマーサポートなど、幅広い応用が可能。

◆大規模言語モデル：LLM（Large Language Model）

- ChatGPT を含む、大量のテキストデータから言語パターンを学習するAI。
- 膨大な量の情報を学習し、質問に答えたり、テキストを生成したりする。
- 新しい文書作成、情報の要約、質問応答などに使用される。

◆その他、現在提供されている主なLLMサービス

《Microsoft Copilot》
- Microsoftが提供しているOpenAIのGPTを使用したサービス。
- 最新のWindowsに搭載されており、チャットベースで様々な支援を提供する。

- Microsoftの検索エンジンと連動しており、リアルタイムの情報を反映しながら回答を行う。
- また、Word、Excel、PowerPoint、Outlook、TeamsなどのMicrosoft 365アプリケーションと連携可能な「Microsoft Copilot for Microsoft 365」もリリースされた。
- Copilot for Microsoft 365では、Word内で対話形式で文書の下書きを作成したり、Excel上でデータの分析をさせたり、Teamsで会議の要約を作成させたりと、生産性を向上させる様々な機能が提供されています。

第 1 章　建設業バックオフィス DX を支える最新 ICT（情報通信技術）

《Google Bard》

- Google が開発した対話型 AI サービス
- Google の検索サービスと連動しており、検索サービスのシェア率の高さから、Bing より回答のリアルタイム性は高いと考えられる。
- ChatGPT と比較すると、チャットによってルームを分割できないが、応答速度の速さは勝る。

《Google SGE》

- SGE（Search Generative Experience）は、生成系 AI と融合した検索サービスで、使い勝手は Bing の AI チャットと類似。
- 2023 年 10 月 1 日時点では「Google Chrome ブラウザを最新版にアップデート」かつ「Google アカウントが個人ユーザー」である場合に使用できる。
- 検索結果の先頭に SGE による生成結果が出力されるので、Google 検索結果画面が「SGE」→「広告」→「オーガニック検索結果」となり、ユーザビリティの面で良し悪しがある。

◆これらのAI技術の応用

- バックオフィスでの業務自動化：資料作成、メール応答、情報検索など
- 作業の効率化と精度の向上、コスト削減に貢献

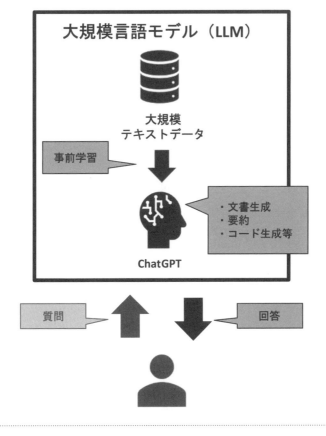

◆生成系AI（GPT-4モデル）のパフォーマンス

- CPA（公認会計士）、放射線医学、統一司法試験など、医学・法律・ビジネススクールの試験や資格をほとんど合格できる性能で、おおよそ8割程度の正答率。
- 満点回答になるケースはなく、理由は学習データのノイズやバイアス

等の誤りが除去できていないため。

- 日本語で質問（プロンプト）するよりも、英語で質問した方が回答の理解度は高くなる。
- 全文英訳せずとも、重要な単語だけ英語にするだけでも回答の正確性は高くなる。

◆生成系 AI のデメリット・課題

- 学習データのノイズやバイアスを除去しきれていないため、もっともらしい嘘の回答（Hallucination：ハルシネーション）が出力される場合がある。
- また、学習データにない未知の質問に対しても、それらしい回答はするものの正しい出力にはならない。

◆自社で生成系 AI を導入するには

- OpenAI-ChatGPT の有料ライセンスを取得し、API キーを入手。
- サーバーを立ち上げ、python3.9 以降をインストール。
- llamaindex（生成系 AI の辞書管理）、LangChain（AI チャットの主要機能）といったライブラリを導入。
- 学習データの管理が可能な API もしくは Web システムを構築。
- 個人で導入する場合は Google colaboratory でよいが、企業として導入する場合はサーバーの立ち上げからシステムの導入まで、専門的な能力を持つ人材が必要。

【例題】

《ChatGPT3.5 に建設業バックオフィス DX と生成系 AI の解説をしてもらうと…》

> プロンプト（入力）
>
> 　あなたは建設業のバックオフィスの DX を啓蒙する書籍の執筆者です。
> 　業務効率化の一助となりうる技術のうち、生成系 AI を解説することになりました。
> 　A4 サイズ 1 ページ程度の分量で、バックオフィスの DX という視点から生成系 AI の基本的な解説と、その利活用の方法を解説してください。

> 出力
>
> タイトル：バックオフィス DX における生成系 AI の活用
>
> ◆導入
>
> 　建設業のバックオフィスでは、業務効率化とデジタルトランスフォーメーション（DX）が重要な課題となっています。その中で、生成系 AI は業務プロセスの自動化や意思決定の支援に大きな可能性を秘めています。本稿では、生成系 AI の基本的な概念とバックオフィスでの利活用方法について解説します。
>
> ◆生成系 AI の基本概念
>
> 　生成系 AI は、機械学習の一分野であり、新しいデータや情報を自動的に生成することができる技術です。主な特徴は以下の通りです。
>
> ●自己学習能力：データから学習し、新しい情報を生成する能力を持っています。
>
> ●柔軟性：様々なタスクに適応し、多様なデータから学習することができます。
>
> ●進化：学習データの変化や環境の変化に適応し、自己改善を継続的に行います。

◆バックオフィスでの利活用方法

文書生成：契約書や報告書などの文書を自動生成することで、業務の効率化を図ることができます。生成系 AI を活用することで、大量の文書を迅速かつ正確に作成することが可能です。

●データ分析：プロジェクトの進行状況やリスク要因を予測するために、生成系 AI を用いたデータ分析を行うことができます。これにより、問題の早期発見やプロジェクトの効率的な管理が可能となります。

●カスタマーサポート：顧客からの問い合わせに対する自動応答システムを構築することで、顧客サービスの向上と業務負荷の軽減を図ることができます。生成系 AI を活用することで、迅速かつ適切な対応を実現することができます。

◆結論

生成系 AI は、建設業のバックオフィス DX において業務効率化の重要なツールとなり得ます。文書生成、データ分析、カスタマーサポートなどの様々な領域で活用が可能です。これらの利点を最大限に活かし、建設業界の DX を推進するために、生成系 AI の導入を検討することが重要です。

第 2 節

建設業バックオフィスで利用できる SaaS（Software as a Service）一覧

Karorino 株式会社　加川 大輔
日本マルチメディア・イクイップメント株式会社
高田 守康

　本節では、クラウドサービス事業者がインターネット経由でユーザーに
提供している SaaS 製品・サービスのうち、建設企業がバックオフィス
DX 推進に当たって活用できると考えられるものを分野別に取りまとめま
した。

　選定に当たっては、以下の手順を踏んでいます。

① 　インターネットで公開されている情報から建設業の DX 化に役立つと
　思われる SaaS 製品・サービスを抽出

② 　上記①のうち本書に掲載することの許諾を 2024 年 5 月 31 日までに得
　られたものについて一覧表に取りまとめ

　注）掲載内容は掲載許諾時点の情報であり、各社の掲載許諾日以降に製品・
　　　サービス名、製品・サービスのホームページ URL、会社名、会社ホーム
　　　ページの URL に変更があった際、本書掲載内容と異なる場合がありま
　　　すことをご承知おきください。

　なお、一覧表掲載の SaaS を利用する場合には、サービス提供事業者に
直接お問い合わせください。

第1章　建設業バックオフィス DX を支える最新 ICT（情報通信技術）

カテゴリ	サービス名称	サービス URL
財務管理	freee 会計	https://www.freee.co.jp/accounting/
	勘定奉行クラウド［建設業編］	https://www.obc.co.jp/bugyo-cloud/kanjo-kensetsu
	ジョブカン会計	https://ac.jobcan.ne.jp/
	マネーフォワード　クラウド会計	https://biz.moneyforward.com/accounting/
	マネーフォワード　クラウド確定申告	https://biz.moneyforward.com/tax_return/
	マネーフォワード　クラウド固定資産	https://biz.moneyforward.com/fixed-assets/
販売管理	freee 販売	https://www.freee.co.jp/sales-management/
	商蔵奉行クラウド	https://www.obc.co.jp/bugyo-cloud/akikura
請求管理	board	https://the-board.jp/
	BtoB プラットフォーム請求書	https://www.infomart.co.jp/seikyu/index.asp
	Digital Billder 請求書	https://www.lp.digitalbillder.com/invoice
	freee 請求書	https://www.freee.co.jp/invoice/
	Misoca	https://www.yayoi-kk.co.jp/seikyusho/
	ONE デジ Invoice	https://le-techs.com/onedigi-inv/
	TOKIUM インボイス	https://www.keihi.com/invoice/
	ジョブカン見積 / 請求書	https://in.jobcan.ne.jp/
	請求管理ロボ	https://www.robotpayment.co.jp/service/mikata/
	マネーフォワード クラウド請求書	https://biz.moneyforward.com/invoice/
経費精算	DigitalBillder 経費精算	https://www.lp.digitalbillder.com/expenses
	freee 経費精算	https://www.freee.co.jp/accounting/workflow/
	HRMOS 経費	https://www.ezsoft.co.jp/ekeihi/
	rakumo ケイヒ	https://rakumo.com/product/gsuite/expense/
	TOKIUM 経費精算	https://www.keihi.com/expense/
	ジョブカン経費精算	https://ex.jobcan.ne.jp/
	チムスピ経費	https://www.teamspirit.com/ex/
	マネーフォワード クラウド経費	https://biz.moneyforward.com/expense
	らくらく通勤費	https://rk2.mugen-corp.jp/teiki/
代金回収	GMO 掛け払い	https://www.gmo-ps.com/feature_kb-lp01/
	Lecto プラットフォーム	https://lecto.co.jp/service
	建設サイト早払い	https://kensetsu-site-hayabarai.com/
	マネーフォワード ケッサイ	https://mfkessai.co.jp/kessai/top
代金回収（ファクタリング）	GMO BtoB 早払い	https://www.gmo-pg.com/lpc/hayabarai/
	マネーフォワード　クラウド債務支払	https://biz.moneyforward.com/payable/
労務管理	freee 人事労務	https://www.freee.co.jp/hr/
	ジョブカン労務 HR	https://lms.jobcan.ne.jp/
	ジンジャー人事労務	https://hcm-jinjer.com/jinji/

134

第 2 節 建設業バックオフィスで利用できる SaaS（Software as a Service）一覧

企業名称	企業 URL
freee 株式会社	https://corp.freee.co.jp/
株式会社オービックビジネスコンサルタント	https://www.obc.co.jp/
株式会社 DONUTS	https://www.donuts.ne.jp/
株式会社マネーフォワード	https://corp.moneyforward.com/
株式会社マネーフォワード	https://corp.moneyforward.com/
株式会社マネーフォワード	https://corp.moneyforward.com/
freee 株式会社	https://corp.freee.co.jp/
株式会社オービックビジネスコンサルタント	https://www.obc.co.jp/
ヴェルク株式会社	https://www.velc.co.jp/
株式会社インフォマート	https://corp.infomart.co.jp/business/
燈株式会社	https://akariinc.co.jp/
freee 株式会社	https://corp.freee.co.jp/
弥生株式会社	https://www.yayoi-kk.co.jp/
リーテックス株式会社	https://le-techs.com/
株式会社 TOKIUM	https://www.keihi.com/
株式会社 DONUTS	https://www.donuts.ne.jp/
株式会社 ROBOT PAYMENT	https://www.robotpayment.co.jp/
株式会社マネーフォワード	https://corp.moneyforward.com/
燈株式会社	https://akariinc.co.jp/
freee 株式会社	https://corp.freee.co.jp/
イージーソフト株式会社	https://www.ezsoft.co.jp/
rakumo 株式会社	https://corporate.rakumo.com/
株式会社 TOKIUM	https://www.keihi.com/
株式会社 DONUTS	https://www.donuts.ne.jp/
株式会社チームスピリット	https://corp.teamspirit.com/ja-jp/
株式会社マネーフォワード	https://corp.moneyforward.com/
株式会社無限	https://www.mugen-corp.jp/
GMO ペイメントゲートウェイ株式会社	https://www.gmo-pg.com/
Lecto 株式会社	https://lecto.co.jp/
株式会社ＭＣデータプラス	https://www.mcdata.co.jp/
マネーフォワードケッサイ株式会社	https://mfkessai.co.jp/
GMO ペイメントゲートウェイ株式会社	https://www.gmo-pg.com/
株式会社マネーフォワード	https://corp.moneyforward.com/
freee 株式会社	https://corp.freee.co.jp/
株式会社 DONUTS	https://www.donuts.ne.jp/
jinjer 株式会社	https://jinjer.co.jp/

第1章　建設業バックオフィス DX を支える最新 ICT（情報通信技術）

カテゴリ	サービス名称	サービス URL
労務管理	マネーフォワード　クラウド社会保険	https://biz.moneyforward.com/social_insurance/
	マネーフォワード　クラウド人事管理	https://biz.moneyforward.com/employee/
	マネーフォワード　クラウド年末調整	https://biz.moneyforward.com/tax-adjustment/
労務管理 （マイナンバー管理）	freee マイナンバー管理	https://www.freee.co.jp/my-number/
	マネーフォワード クラウドマイナンバー	https://biz.moneyforward.com/mynumber/
勤怠管理	clouza	https://clouza.jp/
	freee 勤怠管理 plus	https://www.freee.co.jp/time-tracking-plus/
	HRMOS 勤怠	https://hrmos.co/kintai/
	MITERAS 勤怠	https://www.persol-pt.co.jp/miteras/kintai/
	rakumo キンタイ	https://rakumo.com/product/gsuite/attendance/
	Touch On Time	https://www.kintaisystem.com/
	クラウド勤怠管理ソリューション	https://www.seiko-sol.co.jp/solution/attendance/
	建レコ	https://www.auth.ccus.jp/KenReco/
	ジョブカン勤怠管理	https://jobcan.ne.jp/
	ジンジャー勤怠	https://hcm-jinjer.com/kintai/
	チムスピ勤怠	https://www.teamspirit.com/am/
	マネーフォワード クラウド勤怠	https://biz.moneyforward.com/attendance/
給与計算	ジョブカン給与計算	https://payroll.jobcan.ne.jp/
	ジンジャー給与	https://hcm-jinjer.com/payroll/
	マネーフォワード　クラウド給与	https://biz.moneyforward.com/payroll/
人事管理	マネーフォワード　クラウド人事管理	https://biz.moneyforward.com/employee/
人事管理 （タレントマネジメント）	Engagement Suite	https://www.wantedly.com/about/engagement
	Habi*do	https://habi-do.com/
	かんたん雇用契約 for クラウド	https://www.seikotrust.jp/lp/employment-agreement/
	モチベーションクラウド	https://www.motivation-cloud.com/
	スキルマップサイト	https://www.kensetsu-site.com/series/skillmapsite/
人事管理 （エンゲージメント）	ジンジャー人事評価	https://hcm-jinjer.com/evaluation/
人事管理 （福利厚生）	freee 福利厚生	https://www.freee.co.jp/benefit/
	オフィスおかん	https://office.okan.jp/
採用管理	Air ワーク 採用管理	https://airregi.jp/work/recruitment/
	HRMOS 採用	https://hrmos.co/ats/
	ジョブオプ採用管理	https://jobop.jp/ats/

第2節　建設業バックオフィスで利用できる SaaS（Software as a Service）一覧

企業名称	企業 URL
株式会社マネーフォワード	https://corp.moneyforward.com/
株式会社マネーフォワード	https://corp.moneyforward.com/
株式会社マネーフォワード	https://corp.moneyforward.com/
freee 株式会社	https://corp.freee.co.jp/
株式会社マネーフォワード	https://corp.moneyforward.com/
アマノビジネスソリューションズ株式会社	https://www.i-abs.co.jp/
freee 株式会社	https://corp.freee.co.jp/
株式会社ビズリーチ	https://www.bizreach.co.jp/
パーソルプロセス＆テクノロジー株式会社	https://www.persol-pt.co.jp/
rakumo 株式会社	https://rakumo.com/
株式会社デジジャパン	https://www.digijapan.jp/
セイコーソリューションズ株式会社	https://www.seiko-sol.co.jp/
一般財団法人建設業振興基金	https://www.kensetsu-kikin.or.jp/
株式会社 DONUTS	https://www.donuts.ne.jp/
jinjer 株式会社	https://jinjer.co.jp/
株式会社チームスピリット	https://corp.teamspirit.com/ja-jp/
株式会社マネーフォワード	https://corp.moneyforward.com/
株式会社 DONUTS	https://www.donuts.ne.jp/
jinjer 株式会社	https://jinjer.co.jp/
株式会社マネーフォワード	https://corp.moneyforward.com/
株式会社マネーフォワード	https://corp.moneyforward.com/
ウォンテッドリー株式会社	https://wantedlyinc.com/ja
株式会社 Be & Do	https://be-do.jp/
セイコーソリューションズ株式会社	https://www.seiko-sol.co.jp/
株式会社リンクアンドモチベーション	https://www.lmi.ne.jp/
株式会社ＭＣデータプラス	https://www.mcdata.co.jp/
jinjer 株式会社	https://jinjer.co.jp/
freee 株式会社	https://corp.freee.co.jp/
株式会社 OKAN	https://okan.co.jp/
株式会社リクルート	https://www.recruit.co.jp/
株式会社ビズリーチ	https://www.bizreach.co.jp/
株式会社リクルート	https://www.recruit.co.jp/

第 1 章　建設業バックオフィス DX を支える最新 ICT（情報通信技術）

カテゴリ	サービス名称	サービス URL
採用管理	ジョブカン採用管理	https://ats.jobcan.ne.jp/
電子契約	BtoB プラットフォーム契約書	https://www.infomart.co.jp/contract/index.asp
	freee サイン	https://www.freee.co.jp/sign/
	ONE デジ Document	https://le-techs.com/onedigi-doc/
	paperlogic 電子契約	https://paperlogic.co.jp/keiyaku/
	建設 PAD	https://kensetsupad.jp/
	コンパクトイン	https://info.compactin.jp
	リーテックスデジタル契約	https://le-techs.com/service/
契約書管理	ContractS CLM	https://www.contracts.co.jp/
	LegalForce キャビネ	https://legalforce-cloud.com/cabinet
法人登記・商標登録	freee 会社設立	https://www.freee.co.jp/launch/
	マネーフォワード クラウド会社設立	https://biz.moneyforward.com/establish/
積算・見積	KYOEI COMPASS 2.0	https://www.kyoei.co.jp/fks/search/productlist/compass20.html
	建築の電卓	https://s-build-s.jp/
工事管理（受発注管理）	BtoB プラットフォーム TRADE	https://www.infomart.co.jp/trade/index.asp
	DandALL	https://hd.fukuicompu.co.jp/company/hd_its_dandall.html
	DigitalBillder 発注	https://www.lp.digitalbillder.com/purchases
	HOUSE GATE	https://housegate.jp/
	Patio	https://thehouse-patio.jp/
	Site-PRESS	https://www.kyoei.co.jp/fks/search/productlist/spac.html
工事原価管理	原価本家	https://www.icubenet.co.jp/accept/
	実行予算 Light	https://www.kyoei.co.jp/fks/sale/products/products_cjyosanlt.html
	どっと原価シリーズ	https://www.kendweb.net/
	レッツ原価管理 Go2	https://www.lets-co.com/consideration/letsgenkakanrigo2/
ERP	CAP21	https://www.fujitsu.com/jp/group/fjj/solutions/industry/construction/cap21/
	COLMINA 工事・メンテナンス	https://www.fujitsu.com/jp/group/fjj/solutions/industry/construction/colmina-const/
	e2-movE	https://si.mitani-corp.co.jp/solution/e2move/
	GLOVIA smart 建設	https://www.fujitsu.com/jp/services/application-services/enterprise-applications/glovia/glovia-smart/kensetsu/
	imforce	https://www.nttdata-bizsys.co.jp/imforce/
	PROCES.S	https://process.uchida-it.co.jp/solution/

第2節　建設業バックオフィスで利用できる SaaS（Software as a Service）一覧

企業名称	企業 URL
株式会社 DONUTS	https://www.donuts.ne.jp/
株式会社インフォマート	https://corp.infomart.co.jp/business/
freee サイン株式会社	https://corp.freee.co.jp/
リーテックス株式会社	https://le-techs.com/
ペーパーロジック株式会社	https://paperlogic.co.jp/
株式会社 KENZO	https://www.kenzo.tech/
セイコーソリューションズ株式会社	https://www.seiko-sol.co.jp
リーテックス株式会社	https://le-techs.com/
ContractS 株式会社	https://www.contracts.co.jp/aboutus/
株式会社 LegalOn Technologies	https://legalontech.jp/
freee 株式会社	https://corp.freee.co.jp/
株式会社マネーフォワード	https://corp.moneyforward.com/
協栄産業株式会社	https://www.kyoei.co.jp/
株式会社エス・ビルド	https://s-build.jp/
株式会社インフォマート	https://corp.infomart.co.jp/business/
福井コンピュータアーキテクト株式会社	https://archi.fukuicompu.co.jp/
燈株式会社	https://akariinc.co.jp/
株式会社 HOUSE GATE	https://housegate.jp/
株式会社 ザ・ハウス	https://thehouse.co.jp/
協栄産業株式会社	https://www.kyoei.co.jp/
株式会社アイキューブ	https://www.icubenet.co.jp/
協栄産業株式会社	https://www.kyoei.co.jp/
株式会社建設ドットウェブ	https://www.kendweb.net/
株式会社レッツ	https://www.lets-co.com/
富士通 Japan 株式会社	https://www.fujitsu.com/jp/group/fjj/
富士通 Japan 株式会社	https://www.fujitsu.com/jp/group/fjj/
三谷商事株式会社	https://www.mitani-corp.co.jp/
富士通 Japan 株式会社	https://www.fujitsu.com/jp/group/fjj/
株式会社 NTT データビジネスシステムズ	https://www.nttdata-bizsys.co.jp/
株式会社内田洋行 IT ソリューションズ	https://www.uchida-it.co.jp/

第 1 章　建設業バックオフィス DX を支える最新 ICT（情報通信技術）

カテゴリ	サービス名称	サービス URL
ERP	Project-Space	https://www.nttd-es.co.jp/solution/business-sol/business/ps/
	SMILE V 2nd Edition コストマネージャー	https://www.otsuka-shokai.co.jp/erpnavi/product/smilev-cost-manager/
	ガリバーシリーズ	https://kensetsu-kaikei.com/
	クラフトバンクオフィス	https://corp.craft-bank.com/cbo
	建設 DX バレーナ	https://office-concierge.co.jp/balena_about/
	建設 WAO	https://kensetsu.chepro.co.jp/
	建設クラウド	https://jpn.nec.com/manufacture/kensetsu/constcloud-kikan/index.html
	建て役者	https://tateyakusha.jp/
現場施工管理	Aippear	https://aippearnet.com/
	ANDPAD	https://andpad.jp/
	CADDi Drawer	https://caddi.com/drawer/
	CraftBank	https://craft-bank.com/
	KANNA	https://lp.kanna4u.com/
	現場 Plus	https://www.kensetsu-cloud.jp/genbaplus/
	ダンドリワーク	https://dandori-work.com
	ワークサイト	https://www.kensetsu-site.com/series/worksite/
安全衛生管理	AQuick	https://yslappsmedia.chex.jp/aquick/
	Greenfile.work	https://greenfile.work/
	グリーンサイト	https://www.kensetsu-site.com/series/greensite/
	らくらく現場	http://www.rakuraku-genba.jp/service/
ワークフロー	Agile Works	https://www.atled.jp/agileworks/
	Gluegent Flow	https://www.gluegent.com/service/flow/
	rakumo ワークフロー	https://rakumo.com/product/gsuite/workflow/
	X-point Cloud	https://www.atled.jp/xpoint_cloud/
	コラボフロー	https://www.collabo-style.co.jp/
	ジョブカンワークフロー	https://wf.jobcan.ne.jp/
グループウェア	Chatwork	https://go.chatwork.com/ja/
	desknet's NEO	https://www.desknets.com/
	direct	https://direct4b.com/ja/
	LINE WORKS	https://line-works.com/
	slack	https://slack.com/intl/ja-jp
	サイボウズ Office	https://office.cybozu.co.jp/
	サポスケ	https://saposuke.jp/
ドキュメント作成・管理（品質）	蔵衛門	https://www.kuraemon.com/

第 2 節　建設業バックオフィスで利用できる SaaS（Software as a Service）一覧

企業名称	企業 URL
株式会社 NTT データエンジニアリングシステムズ	https://www.nttd-es.co.jp/
株式会社大塚商会	https://www.otsuka-shokai.co.jp/
あさかわシステムズ株式会社	https://www.a-sk.co.jp/
クラフトバンク株式会社	https://corp.craft-bank.com/about
株式会社 Office Concierge	https://office-concierge.co.jp/
株式会社チェプロ	https://www.chepro.co.jp/
日本電気株式会社	https://jpn.nec.com/
株式会社システムサポート	https://www.sts-inc.co.jp/
株式会社アイピア	https://aippearnet.com/company/
株式会社アンドパッド	https://andpad.co.jp/
キャディ株式会社	https://caddi.com/
クラフトバンク株式会社	https://corp.craft-bank.com/
株式会社アルダグラム	https://aldagram.com/
株式会社ダイテック	https://www.daitec.co.jp/index.html
株式会社ダンドリワーク	https://dandori-work.co.jp/
株式会社ＭＣデータプラス	https://www.mcdata.co.jp/
株式会社 YSL ソリューション	https://www.ysl.co.jp/
シェルフィー株式会社	https://www.shelfy.co.jp/
株式会社ＭＣデータプラス	https://www.mcdata.co.jp/
株式会社国際創研	https://icrjiji.com/
株式会社エイトレッド	https://www.atled.jp/
サイオステクノロジー株式会社	https://sios.jp/
rakumo 株式会社	https://corporate.rakumo.com/
株式会社エイトレッド	https://www.atled.jp/
株式会社コラボスタイル	https://corp.collabo-style.co.jp/
株式会社 DONUTS	https://www.donuts.ne.jp/
株式会社 kubell	https://www.kubell.com
株式会社ネオジャパン	https://www.neo.co.jp/
株式会社 L is B	https://l-is-b.com/ja/
LINE WORKS 株式会社	https://line-works.com/aboutus/
株式会社セールスフォース・ジャパン	https://www.salesforce.com/jp/
サイボウズ株式会社	https://cybozu.co.jp/
Paintnote 株式会社	https://corporate.paintnote.co.jp/
株式会社ルクレ	https://lecre.jp/

第1章　建設業バックオフィス DX を支える最新 ICT（情報通信技術）

カテゴリ	サービス名称	サービス URL
電子黒板・写真共有	CheX	https://chex.jp/
	safie	https://safie.jp/
	SiteBox	https://www.kentem.jp/product-service/sitebox/
	写真の達人 2	https://protrude.com/masterofphoto/
	タグショット	https://tagshot-album.com/
	ミライ工事	https://www.miraikoji.com/
検査・点検報告書	LAXSY	"https://yslappsmedia.chex.jp/laxsy/
クラウドストレージ	Box	https://www.box.com/ja-jp/home
	DirectCloud	https://www.directcloud.jp/
	firestorage	https://firestorage.jp/
	PATPOST	https://patpost.jp/
	たよれーる どこでもキャビネット	https://www.otsuka-shokai.co.jp/products/mns/mobile/cabinet/
その他	freee カード Unlimited	https://www.freee.co.jp/payment/card/
	freee 開業	https://www.freee.co.jp/kaigyou/
	freee 申告	https://www.freee.co.jp/lp/tax-return/02/
	ワイズワーク	https://ysco.net/solutions/yswork/

第 2 節　建設業バックオフィスで利用できる SaaS（Software as a Service）一覧

企業名称	企業 URL
株式会社 YSL ソリューション	https://www.ysl.co.jp/
セーフィー株式会社	https://safie.co.jp/
株式会社建設システム	https://www.kentem.jp/
株式会社アウトソーシングテクノロジー	https://protrude.com/
株式会社 L is B	https://l-is-b.com/ja/
株式会社ミライ工事	https://www.miraikoji.com
株式会社 YSL ソリューション	https://www.ysl.co.jp/
株式会社 Box Japan	https://www.box.com/ja-jp/home
株式会社ダイレクトクラウド	https://www.directcloud.co.jp/
ロジックファクトリー株式会社	https://logicfactory.co.jp/
オリックス株式会社	https://www.orix.co.jp/grp/
株式会社大塚商会	https://www.otsuka-shokai.co.jp/
freee 株式会社	https://corp.freee.co.jp/
freee 株式会社	https://corp.freee.co.jp/
freee 株式会社	https://corp.freee.co.jp/
株式会社ヨコハマシステムズ	https://ysco.net/

第 2 章

電子商取引 EDI の現状と
近未来

第 1 節

企業間取引における決済手段等の電子化

一般社団法人全国銀行協会　古賀　元浩

1　企業間取引における決済手段等の電子化に向けた近年の動向

　東京商工リサーチが 2024 年 1 月に公表した「全国企業倒産状況」によれば、「2023 年の全国倒産件数が前年比 35％増の 8,690 件であり、2015 年以来、8 年ぶりの高水準」になったとのことであり、全ての企業において、人手不足への対策、コスト削減、生産性向上は待ったなしの状況にあります。

　手形・小切手は、「現物管理、押印、印紙、手交／郵送、金融機関受渡し」等、多くの手間やコストがかかっていることに加え、紛失・盗難リスクも伴います。でんさいや振込に切り替えることで上記の手間がなくなり、印紙代や郵送費等のコストを削減できるほか、紛失・盗難の心配もなくなります。また、でんさいは分割して必要な金額だけ譲渡や割引ができ、資金繰りの改善も期待できます。

　手形・小切手については、2023 年 6 月に閣議決定された政府の「新しい資本主義のグランドデザイン及び実行計画 2023 改訂版」では、「利用廃止に向けたフォローアップを行う」ことが明記される等、政府の方針が示されています。政府方針も踏まえ、一般社団法人全国銀行協会（以下「全銀協」）が事務局を務める「手形・小切手機能の『全面的な電子化』に関する検討会」でも、「2026 年度末までに電子交換所における手形・小切手の交換枚数をゼロにする」方針を掲げています。こうした政府の方針や全

第1節 企業間取引における決済手段等の電子化

銀協の自主行動計画にもとづき、政府・産業界・金融界が一丸となって、手形・小切手の全面的な電子化に取り組んでいます。

また、企業において、売掛金の入金消込業務に多くの時間と手間・コストを要しています。こうした企業間取引における非効率業務を解消するため、全銀協の子法人である、一般社団法人全国銀行資金決済ネットワーク（以下「全銀ネット」）では、2018年に稼動した全銀EDIシステム（愛称：ZEDI（ゼディ）。以下「ZEDI」）を運営しています。ZEDIは全銀システムのサブシステムに位置付けられています。全銀システムの振込電文は、電文の長さや情報量が予め定められた「固定長電文」を使用しているところ、ZEDIにおける企業間の振込電文は、「XML（eXtensible Markup Language）電文[1]（ISO20022）」が使用可能です。これにより、企業における売掛金の消込業務など経理業務の非効率性が解消されるなど、バックオフィス業務の自動化・効率化を実現することが可能となります。

2021年6月に閣議決定された「デジタル社会の実現に向けた重点計画」では、「電子インボイス」に関する標準仕様の策定やZEDIの利活用の推進に取り組むことが盛り込まれました。これを受け、全銀ネットでは、2021年度に「ZEDI利活用促進ワーキンググループ」（2023年に「請求・決済データ連携促進検討ワーキンググループ」に改組）を設置し、ZEDIの利活用及び請求から決済へのデータ連携の促進に向けた取組みについて議論を行っています。全銀協もこの検討にメンバーとして参加して、企業における決済・経理業務の電子化や効率化を積極的に後押ししています。

2 手形・小切手機能の全面的な電子化

「手形・小切手機能の全面的な電子化」とは、企業間の決済手段として利用されている「紙」の手形・小切手による決済手段から、電子的決済

---

[1] 電文の長さ等を柔軟に設計・変更することができる電文形式。

147

第 2 章　電子商取引 EDI の現状と近未来

サービス（電子記録債権またはインターネットバンキング（以下「IB」）による振込）に移行し、最終的に手形・小切手の利用廃止につなげることで、産業界及び金融界双方の業務効率化・コスト削減・生産性向上を目指すことです。

■ 手形・小切手の利用実態調査結果

全銀協では、2023 年春にリサーチ会社に委託して、手形・小切手を利用している企業へのアンケートなどに基づき「手形・小切手に関する利用実態調査」を行いました。

まず、全国的な電子化の実現という目標を認知している利用者（手形では全体の 7 割、小切手では全体の 4 割）も含めて全体の半数は「現時点で、電子化予定なし」という回答でした。

手形の利用者に手形の利用意向を確認した結果については、**図表 1** のとおり振出側は「やめたい」が 5 割、「やめたいが、やめられない」が 3 割という回答状況となっており、合計 8 割の利用者がやめたい意向となっています。また、受取側でも合計 9 割の利用者がやめたい意向となっています。つまり「やめたくない」1 ～ 2 割の利用者のために、紙の手形が使われているということになります。なお、やめたくない理由としては、「慣習や経理事務を変えることへの抵抗感がある」、「やめる必要性を感じていない」といった声が確認されています。

次に、小切手の利用者に利用意向を確認した結果についても手形と同様の傾向にあり、「やめたくない」2 ～ 4 割の利用者のために、紙の小切手が使われていることになる回答結果が得られました。なお、やめたくない理由としては、「電子化はセキュリティや資金繰りへの影響が不安」、「紙の方が手間がかからない・安い」といった声が確認されました。

第 1 節　企業間取引における決済手段等の電子化

図表 1：手形の利用意向調査結果

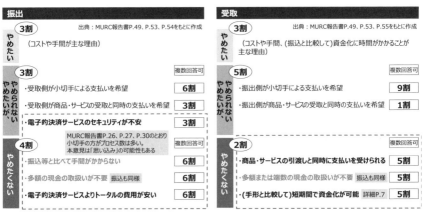

出所：全銀協「手形・小切手機能の『全面的な電子化』に関する検討会（第 12 回）事務局説明資料」
（2023 年 6 月 30 日）

2 手形の電子化に伴う業務プロセスの削減

　手形について電子化に伴う業務プロセスを比較すると、**図表 2** のとおり、手形の振出には、紙の手形帳の管理から必要項目の記載・印紙の貼付（ちょうふ）、郵送など、多数の業務プロセスが必要なことがわかります。これを電子化すると基本的には必要項目の入力・承認のみで済み、業務プロセスは大幅に削減されます。これに伴い人件費や郵送費なども削減できるほか、印紙代も不要になることから、「手形・小切手に関する利用実態調査」による試算によれば、利用者全体で年間 176 億円のランニングコストの削減効果が期待されます。また、小切手も同様に、IB による振込に切り替えることで、業務プロセスが大幅に効率化され、利用者全体で年間 206 億円のランニングコストの削減効果が期待されます。

　このように、手形・小切手ともに基本的には電子化した方が手間もコストも減り、利用者の多くはやめたい意向を持っているにもかかわらず使われているのは、一部の利用者に慣習や事務を変えることへの抵抗感があるからという漠然とした理由が挙げられます。

149

図表2：手形の電子化に伴う業務プロセス比較

振出

	手形	電子記録債権（でんさい等）
管理	手形帳の在庫確認	現物の管理不要
	金融機関から手形帳を購入	
	現物管理（金庫保管・管理台帳記入）	
	手形の出庫・管理台帳記入	
作成・検証	チェックライターでの金額打鍵	WEB上で支払情報を入力
	作成者と検証者の受渡	承認、及びその後の確認
	印紙貼付	押印等の事務負担減と リスク軽減が可能
	手形振出欄に押印	
発送	封筒作成、封筒詰め	
	郵便局へ持込、郵送	
	領収書／受取書受領	
	支払期日に引き落とし	支払期日に引き落とし

受取

	手形	電子記録債権（でんさい等）
管理	手形を受領	通知メール受信
	手形内容確認	債権内容の確認
	領収書／受領書の発送	押印等の事務負担削減と リスク軽減が可能
	手形の保管・管理	
取立	社判・押印（取立事務）	
	銀行への持ち込み	
	支払期日に入金 （支払期日の資金利用不可）	支払期日に入金（支払期日から 資金利用可能）

利用者全体のランニングコスト削減効果（年間）

	振出	受取	合計
人件費	▲74億円	▲77億円	▲151億円
システム・諸経費	▲7億円	6億円	▲1億円
銀行手数料	70億円	▲12億円	58億円
印紙	▲41億円	▲41億円	▲82億円
合計	▲52億円	▲124億円	▲176億円

出所：全銀協「手形・小切手の利用実態調査および全面的な電子化に向けた金融界の取組状況について」
（2023年11月）

　なお、実際に電子化された事業者の体験談として、でんさい利用者の声を紹介すると、**図表3**のとおり、いずれの利用者も、電子化はハードルが高いと思っていたが、やってみると思いのほか簡単で、多くのメリットがあった、という反応となっています。

図表3：でんさい利用者の声

規模	業種	利用状況	導入効果・利用者の声
中小企業	製造業	受取	・メリットがあるのは支払企業と思っていたが、受取企業も「金融機関への取立依頼が不要」「必要に応じて分割譲渡が可能」「現物がないためリスク解消」など多くのメリットがあった。 ・取引金融機関のサポートデスクに電話することで、不明な点は解消できた。 ・でんさいの導入は思った以上に簡単だった。
中小企業	卸売・小売業	支払・受取	・でんさい導入により1か月あたり約20時間の経理業務を削減することができ、体力を他の業務に振り分けることができた。 ・でんさいは、でんさいネット社が提供してくれる身近で安価なDX。皆が思っている以上に、難しいことは決してない。
中堅企業	卸売・小売業	支払・受取	・支払側としては事務効率化やコスト削減等を実現。受取側としては、でんさいは支払期日に資金化されるので*、資金繰りの計画が立てやすくなった等のメリットを実感。 　* 手形は通常、支払期日の前日に金融機関に持込むと、支払期日の翌営業日に入金される。 ・1度でんさいを使うと、非効率な手形に戻る気が無くなった。
大企業	建設業	支払	・印紙代を9割削減でき、年間3千万円以上のコスト削減を実現できた。手形関連業務も大幅に削減することができた。 ・手形発行業務は出社が必須だが、でんさいは支払側・受取側双方でテレワークが可能。 ・今後も取引先に、でんさいへの移行を積極的に案内していきたい。

出所：全銀協「手形・小切手の利用実態調査および全面的な電子化に向けた金融界の取組状況について」
（2023年11月）

第1節　企業間取引における決済手段等の電子化

❸ 全銀協及び金融機関における取組み

　上記の調査結果から、さらなる電子化の推進に当たっては利用者の理解促進が不可欠であり、政府・産業界・金融界による一層の周知活動が重要との方針のもと、2023年度は、全銀協では関係省庁・産業界と連携のうえ、各地の商工会議所・団体等における手形・小切手の電子化に関する説明の実施、手形・小切手機能の全面的な電子化に関するウェブ広告、雑誌広告、記事広告の実施、手形帳・小切手帳に印字可能な広報物の作成、配布等、一層の周知活動を実施しました。

　また、**図表4**は、金融機関における電子化に向けた取組み事例を紹介したものです。各取組みを、「周知強化」、「導入支援・利便性向上」、「経済効果拡大」で分類していますが、金融機関では電子化に向けた様々な取組みを行っています。

図表4：金融機関における電子化に向けた取組み

■周知強化、■導入支援・利便性向上、■経済効果拡大

	手形・小切手共通の取組み	手形固有の取組み	小切手固有の取組み
都銀業態	**■全面的電子化を含む業務効率化に関するディスカッション資料作成、活用** ■振込手数料等見直し ■手形・小切手帳発行手数料見直し	■■でんさい未導入先のDX支援 **■EB専門の関連子会社によるでんさい導入・操作サポート** ■でんさいサポートデスク活用	**■EB専門の関連子会社によるIB導入・操作サポート** **■EBヘルプデスク活用**
地銀業態	■全当座預金先への電子化周知 ■振込手数料等見直し ■手形・小切手帳発行手数料見直し	■でんさいネットセミナー周知	**■専担者によるIB導入・操作サポート** ■ ■簡易版法人IB(月額利用料無料)提供 **■法人IB手数料無料キャンペーン実施**
第二地銀業態	■手形・小切手利用先への電子化チラシ配布、提案 ■振込手数料等見直し ■手形・小切手帳発行手数料見直し	■でんさいネットセミナー周知	■各種提案時・契約時等のタッチポイントを活用して法人IBを紹介 **■法人IBサポートデスク活用** **■法人IB手数料無料キャンペーン実施**
信用金庫業態	■振込手数料等見直し ■手形・小切手帳発行手数料見直し	**■■顧客向けでんさい説明会実施、要望先の個別訪問サポート** **■でんさいサポートデスク活用** **■でんさい手数料無料キャンペーン実施**	■各種提案時・契約時等のタッチポイントを活用して法人IBを紹介 **■法人IBサポートデスク活用**
信用組合業態	■振込手数料等見直し ■手形・小切手帳発行手数料見直し ■当座預金口座開設手数料見直し	■でんさいネットセミナー周知	■法人IB未稼働先への声掛け **■法人IB手数料見直し** **■法人IB手数料無料キャンペーン実施**

出所：全銀協「手形・小切手の利用実態調査および全面的な電子化に向けた金融界の取組状況について」
　　　（2023年11月）

151

4 でんさいネットにおける取組み

(1) でんさいの概要

　株式会社全銀電子債権ネットワーク（以下「でんさいネット」）は、2010年6月に全銀協の100％子会社として設立され、2013年2月に開業しました。同社が取り扱うでんさいは、「手形的利用」（現行の手形と同様の利用方法を採用）、「全銀行参加型」（銀行、信用金庫、信用組合、農協系統金融機関などの幅広い金融機関が参加）及び「間接アクセス方式」（利用者が参加金融機関を経由してでんさいネットにアクセス）の3点を特長としており、2024年4月現在、全国494金融機関においてでんさいのサービスを利用することが可能です（でんさいの取引イメージは図表5参照）。

図表5：でんさいの取引イメージ
1. 発生：支払・受取りに当たり、対面・郵送・印紙不要。スマホやタブレットで利用できるサービスも準備中。
2. 譲渡：受け取った債権は、自由な金額に分割して譲渡・割引できる。
3. 支払：支払期日になると自動的に引き落とし・入金される（取立不要）。

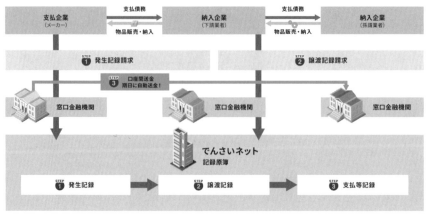

出所：でんさいネットウェブサイトをもとに作成

でんさいのメリットは、主に手形との比較の観点から、①コスト削減（手形・領収書の取扱いにかかる印紙税・郵送料などを削減）、②事務負荷軽減・業務効率化（手形への記入・押印、取立依頼などの事務負担を軽減）、③リスク低減（現物がないため盗難・紛失リスクを低減）、④資金繰り円滑化（必要な資金の分だけ分割して資金化が可能）の4点が挙げられます。

でんさいの発生記録請求件数（手形の振出しに相当）は、開業以来、着実に増加しており、2023年は、前年対比約125万件の増加（年間：約689万件）となっています（**図表6**）。また、企業規模別でも中小企業を中心に満遍なく増加しています

図表6：でんさいの発生記録請求件数と前年対比増加件数

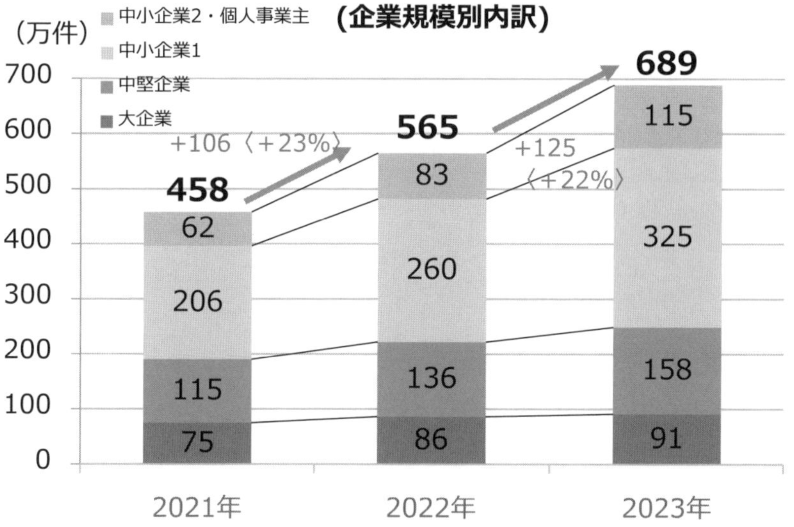

※大企業：資本金10億円以上／中堅企業：〃1億円以上10億円未満／
中小企業1：〃2,000万円以上1億円未満／中小企業2：〃2,000万円未満
出所：全銀協「手形・小切手機能の電子化状況に関する調査報告書（2023年度）」

(2) 全面的な電子化に向けた取組み

でんさいネットでは、ウェブサイト（https://www.densai.net/）で、**図**

第2章　電子商取引EDIの現状と近未来

表7のように、でんさいの利用を検討する事業者のために、業種・企業規模別の導入事例を紹介するとともに、手形からでんさいに切り替えた場合にコストがいくら安くなるかというコスト診断ができます。また、企業向けセミナー開催の案内のほか、企業のでんさいの契約有無を確認できる「お取引先でんさい利用状況検索サービス」などを提供し、全面的な電子化に向けた取組みをサポートしています。

図表7：でんさいネットによる導入サポート支援等

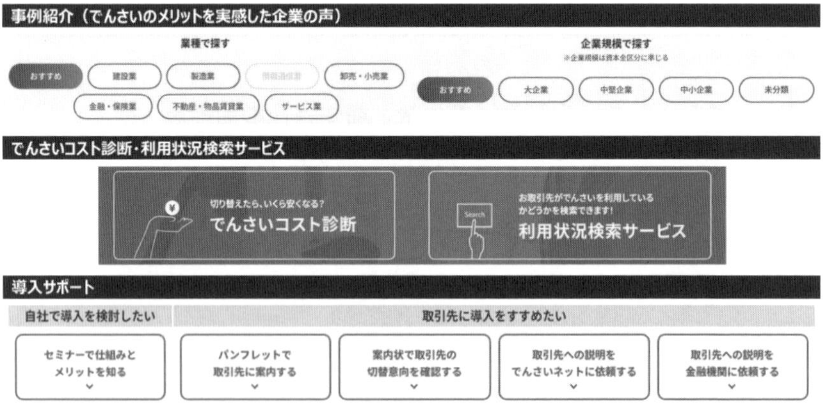

出所：でんさいネットウェブサイトから抜粋

さらに直近では、手形・小切手機能の全面的な電子化の実現に向けて、手形・小切手利用の企業がよりでんさいへ移行しやすい環境を整備する観点から、以下の施策などに取り組んでいます。

① 手形との機能面の差分の解消（機能・サービスの改善）

従前のでんさいは、発生日（譲渡日）から支払期日までの期間（最短7銀行営業日）や債権金額の下限（1万円）では、手形との機能的な差分がありました。このため、でんさいネットはシステムを強化して、当該期間の短縮（→最短3銀行営業日）と債権金額の下限引下げ（→1円）を実現しました（2023年1月リリース）。

154

② IB（インターネットバンキング）を利用していない利用者への対応
（「でんさいライト」の検討）

　現在、多くの金融機関において、でんさいの利用に当たり IB の契約が必須となっているため、IT リテラシーや利用コストなどの理由で IB の導入が困難な企業にとって、でんさいを利用しづらい環境になっています。この課題を解決するため、でんさいネットは、現在の「間接アクセス方式」に加え、企業がパソコンのほかスマートフォン・タブレットから同社が提供するサービスへ直接アクセスし、IB 契約がなくてもでんさいを利用できる「でんさいライト」を 2024 年中にリリースする予定です。

　でんさいライトでは、利用画面や提供する機能・サービスを簡易化し、紙の手形・小切手を利用している企業にも手軽にでんさいを利用してもらえるように検討を進めています。

3 デジタルインボイスの活用を契機とした企業間取引の電子化

　企業間取引の電子化とは、商取引プロセスの上流（受発注、出荷・検品、請求）から下流（支払い、入金消込）までの一体的な電子化（請求・決済データ連携）を実現することであり、企業間取引の一連のプロセスを一気通貫で処理できるため、業務効率化・生産性向上・コスト削減が期待されます。政府の成長戦略においても DX の推進や中小企業・小規模事業者の生産性向上のためのデジタル技術の実装が掲げられていることを踏まえ、金融界においても、金融取引の電子化の面から金融 EDI の推進による事業者の生産性向上を積極的に後押ししています。

■ 全銀 EDI システム（ZEDI）の概要

　2015 年 12 月に金融庁で取りまとめた「金融審議会 決済業務等の高度化に関するワーキング・グループ報告」を踏まえて、全銀協及び全銀ネッ

トにおいて ZEDI の構築を決定し、その後、全銀ネットが運営主体となって ZEDI の開発に着手、2018 年 12 月に稼動しました。

ZEDI は、企業間の振込電文を金融取引における次世代の国際標準である XML 電文（ISO20022）に移行し、金融 EDI 情報[2] の拡充に対応するためのシステムであり、これを利用することにより、振込を行う際に、様々な情報（支払通知番号・請求書番号など）の添付が可能となります。これにより、企業における売掛金の消込業務など経理業務の非効率性を解決します。具体的には、受注（受取）企業における売掛金の消込業務を自動化・効率化するほか、発注（支払い）企業も入金照合に関する受取企業からの問合せ対応の負担を削減できます。また、自動化・効率化による余剰人員を販売・営業といった業務分野に転換できるなどの副次的効果により、企業の生産性向上、さらには社会課題である働き手不足の解消につながることも期待されています。なお、ZEDI が利用可能なチャネルはインターネットバンキング（IB）または一括ファイル伝送（FB）で、ZEDI の対象サービスは総合振込（給与・賞与振込は対象外）、振込入金通知・入出金取引明細になります。

企業による金融 EDI の設定に当たっては、振込件数が少なければ、手入力による設定も考えられますが、振込件数が多い場合は、手間が増加するとともに、誤入力の可能性も高まります。設定に当たっては、すでにデータ化されている商流 EDI を活用することがより効率的ですが、一方で依然として紙・ファクシミリを使った業務は多く残っているため、ZEDI の利用と併せて、商取引のプロセスを電子化して、取引の上流から下流までをシームレスにデータ連携することが業務効率化には望ましい方法です。この方法により、受発注から、出荷・検品、請求、支払い、そして消込業務までの一連のプロセスを自動で処理できるようになり、ZEDI を最大限に活用、つまりより高い効率化効果を実現することができます。

[2] 売掛債権の支払確認・消込など等に必要な請求書番号や支払通知番号などの取引情報

また商取引の電子化によって、紙の保管コスト削減や検索性の向上など、これまで想定していなかった業務効率化や付加価値向上の可能性が高まります（**図表 8**）。

図表 8：金融 EDI を活用した業務フローのイメージ

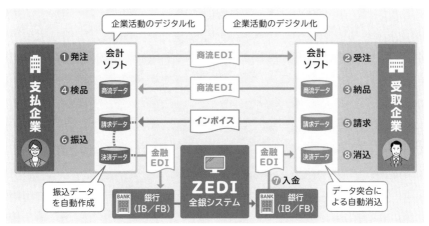

出所：全銀協ネットパンフレット「全銀 EDI システム『ZEDI（ゼディ）』のご案内」

2 企業間取引の電子化実現のための様々な取組み

商取引プロセスの上流から下流までの一体的な電子化を実現するため、**図表 9**のとおり、様々な取組みが実施されています。

まず、2023 年 10 月に導入された適格請求書等保存方式（インボイス制度）を契機として、**図表 9**の②にあるとおり、業界横断的な標準フォーマットの作成が進行しています。

第 2 章　電子商取引 EDI の現状と近未来

図表 9：商取引プロセスの一体的な電子化を実現するための取組み

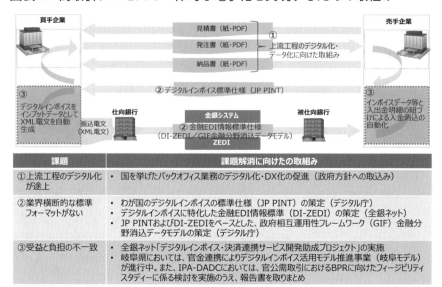

出所：第 21 回決済システムフォーラム・全銀ネット説明資料

　2021 年 9 月、デジタル庁が、日本のデジタルインボイス[3]の標準仕様（JP PINT）を策定・公表しました。また、全銀ネットは、2021 年 10 月、インボイス制度の導入を契機とした ZEDI の利活用及び請求から決済へのデータ連携の促進に向けた取組みについて議論を行うことを目的に、「ZEDI 利活用促進ワーキンググループ」を設置し、2023 年 4 月に「請求・決済データ連携促進検討ワーキンググループ」に改組しました。同ワーキンググループでの議論を踏まえ、全銀ネットにおいては、独立行政法人情報処理推進機構 デジタルアーキテクチャ・デザインセンター（IPA-DADC）の「決済テクニカルミーティング」等とも連携しながら、決済プロセスにおける業界横断的な標準フォーマットの検討を行い、2023 年 4 月には、デジタル庁が公表した上記のデジタルインボイスの標準仕様（適

---
[3] 請求情報（請求に係る情報）を、売り手のシステムから、買い手のシステムに対し、人を介することなく、直接データ連携し、自動処理される仕組み。その際、売り手・買い手のシステムの差異は問わない（デジタル庁ウェブサイト）。

格請求書／JP PINT、仕入明細書／JP BIS）に対応した金融 EDI 情報標準「DI-ZEDI」を制定しました。この DI-ZEDI は、デジタルインボイスに特化した情報項目としており、事業者やソフトウェアベンダ等の負担軽減に配意し、入金消込に必要な最低限の情報に限定しています。

また、2023 年 8 月、デジタル庁は、IPA-DADC において実施した金融・決済プロジェクトによる活動結果等を踏まえ、政府相互運用性フレームワーク（GIF[4]）の一領域として、事業者ごとに利用する請求手段・決済手段が異なる場合においても消込自動化を可能とする「金融分野消込データモデル」（GIF 金融分野消込 DM）を策定しました。なお、GIF 金融分野消込 DM は、JP PINT と DI-ZEDI をベースとしています。

さらに**図表 9**の①にあるとおり、政府においても、2023 年 6 月には「新しい資本主義のグランドデザイン及び実行計画 2023 改訂版」等が閣議決定され、請求から決済のデータ連携に関する事項が掲げられた。具体的には、「新しい資本主義のグランドデザイン及び実行計画 2023 改訂版」では、「サプライチェーン全体で請求・決済などの企業間取引データの連携を可能とする」、「デジタル社会の実現に向けた重点計画」では、デジタルインボイスの定着や ZEDI・金融 GIF（政府相互運用性フレームワーク）の利活用を通じた企業間取引のデジタル完結等を目指した取組みなどを後押しすることが示されました。

加えて、2023 年 8 月に公表された金融庁「2023 事務年度金融行政方針」においても「金融機関の取引先企業の DX や生産性向上の観点から、DI-ZEDI や金融 GIF（政府相互運用性フレームワーク）に対応する会計ソフト等の開発・普及といった、請求・決済分野のデータ連携に関する取組を官民一体となって推進する。特に DI-ZEDI については、中小企業の DX に大きく貢献するものと思われ、その普及を支援する。」ことが盛り込まれており、関係者による請求・決済データ連携の促進に向けた取組みと整合

---

[4] データの相互運用性を担保する観点からデジタル庁が策定した技術的体系。

第2章　電子商取引 EDI の現状と近未来

的・一体的な方針が掲げられています。

　その他、**図表9**の③にあるとおり、比較的、企業取引の電子化のインセンティブが低い発注（支払い）企業の負担軽減という観点（受益と負担の不一致の観点）も踏まえ、全銀ネットでは、2022年8月に、「デジタルインボイス・決済連携サービス開発助成プロジェクト」を実施し、標準化されたデジタルインボイス及び ZEDI への連携に対応した製品・サービス等の開発を行う事業者を対象に開発費用を助成しました（17事業者に助成。なお、開発が完了し商用化した製品・サービスは全銀ネットウェブサイト（https://www.zengin-net.jp/zedi/zyosei/）に掲載中）。また、面的広がりを持たせるための関係者による好事例の創出に向けた取組みも進められており、一例として、岐阜県においては、官金連携により、県内すべての中小企業が、受発注・請求から決済までのデジタル化と、JP PINT 及び DI-ZEDI を前提としたデータ連携による自動処理化の実現を目指す取組みが進められています。

4　おわりに

　足元、人手不足に悩む企業が増えています。

　手形・小切手の電子化は、業務効率化・生産性向上・コスト削減の効果があることに加え、利用者の多くは紙の手形・小切手の利用をやめたい意向を持っています。中には、「取引先が電子化に応じないのではないか」、「長年の慣習や事務を変えることが不安、抵抗感がある」といった意見もありますが、電子化した事業者は総じて「思いのほか簡単だった、手形・小切手をやめてよかった」という反応です。

　2023年6月に閣議決定された「新しい資本主義のグランドデザイン及び実行計画 2023 改訂版」では、「約束手形・小切手の利用廃止に向けたフォローアップを行う」旨が明記されています。こうした政府の動きも踏

まえ、手形帳・小切手帳製造業者の中には製造中止の動きも出始めています。

　利用者が、事業・商取引を継続するためには、早期に電子化を進めていく必要があり、引き続き政府・産業界・金融界が連携して、ワンボイスで手形・小切手の廃止／電子化に関する周知を実施していく必要があるとともに、金融界としてもさらに利用者の電子化の取組をサポートしていきたいと考えています。

　また、企業間取引の商取引プロセスの上流から下流までの一体的な電子化（請求・決済データ連携）も、企業間取引の一連のプロセスを一気通貫で処理できるため、業務効率化・生産性向上・コスト削減効果が期待されます。しかし、請求・決済データ連携の促進は途上であり、引き続き、官と民、産業界と金融界が連携しながら、オールジャパンで取組みを進めていく必要があります。今後は、デジタルインボイスとZEDIを連携させたソリューションの提供が求められる会計ソフトウェアベンダや産業界ともより一層連携のうえ、金融界としても企業間取引全体のDXを推進して、電子化を着実に前進させていきたいと考えています。

　意見にわたる部分は、筆者の個人的見解であり、協会の公式的な見解を示すものではありません。

第 2 節

建設業界のバックオフィスの生産性向上に資する CI-NET の取組み

一般財団法人 建設業振興基金 情報化推進支援担当 上席特別専門役
中緒　陽一

1　CI-NET の基礎知識

1 CI-NET とは？

CI-NET（Construction Industry Network）とは、建設業界の EDI（Electronic Data Interchange；電子データ交換）標準のことです。現在は元請企業のゼネコンとその協力会社（専門工事業者、資材業者等）の間での利用が進んでおり、見積書、契約書（注文書、注文請書）、出来高・請求書等の帳票データを電子データとして受け渡す取組みとして実施されています。見積りから契約、出来高・請求まで、各業務にわたりデータを利活用することで、生産性を上げることが狙いです。

図表 1：CI-NET 電子商取引のイメージ

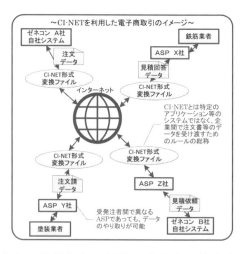

② CI-NET 導入により期待される効果

（1）生産性向上

　CI-NET を導入する以前は、見積書や注文書等のやり取りは紙での運用が想定されます。紙の場合は見積システムや購買システム、あるいはExcel 等から出力した帳票の内容を確認し、捺印して郵送するといった手順が必要となります。また、協力会社から見積書や請求書等を受領した場合は、単価や数量などを自社システムに手入力するなどの手間が発生します。CI-NET を導入することで、帳票データの送受信に関する手順を簡素化し、迅速な対応を可能とすることで、業務の効率化が図れます。

　また紙の場合、保存スペースの問題や契約書をうまく探せない、といったことも考えられますが、電子データであれば検索機能をうまく活用してこれらの課題をクリアにすることも可能です。さらにはゼネコンの立場であれば、注文書を送付し、協力会社から注文請書を受領するまでに、郵送の場合は 1 週間から 10 日程の日数を要していたものが、電子メールの送受信であれば契約にかかるリードタイムを大幅に短縮できる点も大きなメリットです。

（2）コスト削減

　CI-NET を用いることで、煩雑な作業から解放されますが、そのような手間の削減自体が人的コストの削減につながりますし、契約書を電子化することで、郵送代の削減や（主に受注側の協力会社が対象ですが）印紙税の削減につながります。

（3）電子データの活用

　電子データの活用には大きく二つあります。

　一つは上流の工程、例えば見積書のデータ（内訳明細）を注文書に活用する、さらには出来高・請求のデータとして活用していくことです。このように、上流工程のデータを下流工程で利活用することが CI-NET 本来の

メリットとしてあります。

二つ目は、取引先（協力会社）から受け取るデータ、例えば内訳明細書のデータを活用することにより、資材の単価分析を行い、資材の価格変動を予測するなどの応用も考えられます。このような分析は今後、AIなどの技術によりますます精緻になっていくと思われます。

(4) コンプライアンスへの寄与

コンプライアンスへの効果としては、契約書を郵送するより電子メールでデータを送る方が迅速に契約を締結することができるなど、着工前契約に有利であることや、取引の履歴が確実に残ること等があげられます。また、取引データの進捗を「見える化」することにより、業務の停滞やボトルネック、注文請書がまだ届いていないなどの状況把握が容易となります。さらには追加、変更契約などの煩雑な契約処理にもCI-NETでは迅速な対応が可能です。

CI-NET導入初期の頃（2001年頃）は、生産性向上を目的に導入する企業が殆どでしたが、最近ではコンプライアンス向上のためCI-NETを導入する企業が増えています。

3 CI-NET の経緯

1991年（平成3年）12月21日に大臣告示（建設省告示2101号）が発出され、『建設業における電子計算機の連携利用に関する指針』を定めたことから、建設業のEDI標準としてCI-NETはスタートしています。

この連携指針は、「情報処理の促進に関する法律〔昭和45年5月22日法律第90号〕」に基づき、電子計算機を効率的に利用することを促進するため、事業分野ごとに主務大臣が定めたものです。企業ごとに様々な標準が定められるとかえって混乱するため、事業分野ごとの標準を定めることで、電子データの相互運用性を担保し、効率的な情報化を進めることが狙いです。建設業における連携指針では、標準の内容や配慮すべき事項のほ

か、一般財団法人建設業振興基金（以下「振興基金」）を中心に実施体制を整備し、進めることなどが明記されています。

4 CI-NET の推進体制

CI-NET の推進に当たっては振興基金の基に『情報化評議会』を設置し EDI のルールを取り纏めた『標準ビジネスプロトコル』の策定や、このビジネスプロトコルの内、情報伝達規約や情報表現規約（後述）をより実務に即して取り纏めた『CI-NET LiteS 実装規約』等の策定を行っています。また、これら標準のメンテナンス及び普及推進にも取り組んでいます。

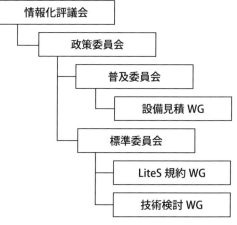

図表 2：CI-NET 推進体制（2023 年度）

※オブザーバとして国土交通省（建設市場整備課）が参加

情報化評議会は会員制度で運用され、CI-NET の趣旨に賛同する企業（ゼネコン、設備会社、ベンダー等）及び団体により構成されています。

なお、このような標準化機関は業界（事業分野）ごとに設置されており、業界固有の商習慣を反映したビジネスプログラム等の開発を行っています。

業界の EDI 標準である CI-NET の推進体制として、情報化評議会の中に専門の委員会を設け、「標準化の取組み」と「普及推進の取組み」を行っています。

一つ目の「標準化の取組み」は、EDI のルールに関する取組みです。一度取り決めた標準であっても、法律や税制等の改正など、時代の変化に

応じて新たにデータ項目を追加すること等が求められますし、新たな技術進展に対応するためルールの見直しが必要となる場合もあります。

例えば法改正等への対応としては、2022年10月にスタートした適格請求書等保存方式（いわゆるインボイス制度）に対応するため、規約の改定を行いました。また、新技術への対応としては、電子証明書の暗号化を強化する、といったことを実施しています（CI-NETではデータの送信手段に電子メールを使用しており、インターネット上でデータ交換を行うため、データの改ざん等を防止するため電子証明書を使用しています）。

二つ目の「普及推進の取組み」では、より多くの建設会社にCI-NETを導入いただくよう、CI-NETの有効性等を広く周知しています。CI-NETの導入先が増えるほど、受発注者（元請企業のゼネコンとその協力会社）双方のメリットが高まるためです。広報周知の具体策として、CI-NET説明会の開催や個別企業に対する相談対応、CI-NET Webサイトの充実等を行っています。

2　標準化の取組み

CI-NETは建設業界のEDI標準ですが、EDIのルールとなる規約として『標準ビジネスプロトコル』が策定されています。こういった標準は業界ごとに策定されています。例えばコピー用紙数ケース購入する場合の見積りとビル1棟を建築する場合の見積りでは見積書の記載方法や内容も大きく異なることが想定されます。そこで、業界ごとに異なる商習慣を盛り込んだ『標準ビジネスプロトコル』を各業界の標準化機関がそれぞれ策定するのが一般的です。

ビジネスプロトコルは、①情報伝達規約（通信プロトコル）、②情報表現規約、③業務運用規約、④取引基本規約の4つから構成されています。

CI-NETでは『標準ビジネスプロトコル』のサブセットとして、情報伝

達規約、②情報表現規約をより実務に即した内容としてルール化した『CI-NET LiteS 実装規約 Ver.1.0』を 2000 年 6 月に公開しています[1]。

1 情報伝達規約（通信プロトコル）

CI-NET LiteS 実装規約はビジネスプロトコルの①情報伝達規約（通信プロトコル）、②情報表現規約について具体的かつ実効性を高めた規約として策定しており、①情報伝達規約に関しては、インターネットの電子メール方式を採用し、データの改ざんやなりすまし防止のため、電子証明書を付与した形で運用しています。

IT 書面一括法（正式名称は、「書面の交付等に関する情報通信の技術の利用のための関係法律の整備に関する法律」2001 年 4 月施行）により 2001 年に建設業法が改正され、これまで書面で交付することが求められていた工事請負契約は、一定の条件の下、電子契約についても認められるようになりました。一定の条件については、建設業法施行規則が改正され「電磁的措置の技術的基準」が取り決められており、見読性の確保や原本性の確保、（さらに 2020 年の法改正で「本人性確認の措置」が追加）が求められています。

また国土交通省はこの技術的基準を解説した『ガイドライン[2]』も公表（2001 年 3 月）しており、原本性の確保の具体的な内容として「公開鍵暗号方式による電子署名」や「電子的な証明書の添付」等を規定しています。

なお、情報化評議会では情報伝達規約としてインターネットの電子メールを採用してきましたが、CI-NET の普及拡大によりメールサーバ等への負担が集中し、処理が遅延するなどのケースが発生したことやスパムメールやウイルスメール等への対処が必要なこと、さらにはセキュリティの観

---

[1] 現在のバージョンは Ver.2.2 ad.0（2023 年 9 月現在）
[2] 国土交通省総合政策局建設業課「建設業法施行規則第 13 条の 2 第 2 項に規定する「技術的基準」に係るガイドライン」（2001 年 3 月 30 日）

第2章　電子商取引EDIの現状と近未来

点から、電子メール方式の他にebXML Messaging Service（ebMS）方式を情報伝達規約に追加しています。これにより、伝送上の遅延やメッセージの到達が担保されるなど、ユーザーの利便性向上が図られています。

❷ 情報表現規約

　情報表現規約とは、帳票の内容を電子的に表すためのルールです。帳票を表現するために必要なデータ項目を取り決め、そのデータ項目一つ一つに対して、使用できる文字の種類や文字数等を取り決めています。

　例えば「見積書」を表現するためには見積書の発行日や見積書No.、見積書提出先の会社名や所在地、また工事内容や数量、金額等、様々なデータ項目が必要となります。これらのデータ項目に対して文字の種類（文字か数字かなど）や文字数、さらにはEDI上の必須項目か任意項目かなどを規定することで見積書を電子的に表現することが可能となります。なお、CI-NETの規約では見積書等の内訳明細についても必要なデータ項目を定義しており、元請のゼネコンでは協力会社から受け取る内訳明細のデータを活用することで、データの利活用が可能となります。

　また、コード化した方が効率的なデータ項目は、「CI-NET標準データコード」として定められており、多くのデータ項目がコード化されています。下表はメッセージ（後述）の種類をコード化した［情報区分コード］や建設資機材に対してコードを付番した［建設資機材コード］の事例です。

168

図表3：メッセージと対応した情報区分コード

メッセージの種類	情報区分コード
建築見積依頼メッセージ	0305
建築見積回答メッセージ	0306

図表4：建設資機材コードの構造と例

分類名	分野	大分類	中分類	小分類	細分類	セパレーター	スペック
Byte　数	2	2	3	4	3	1 "&"	可変長 最大 25byte

◀―――― 固定長部分（14byte） ――――▶

※スペックが複数ある場合には、スペックとスペックの区切りに "_"（アンダーバー）を用いる。
※スペックがない場合には "&" は付加しない。

600V ビニル絶縁ビニルシースケーブル（VV-R）導体径 2.0mm 2 心；

[建設資機材コードの書式定義]
分野　大分類　　中分類　　小分類　　　細分類　　セパレータ　スペック
40　　05　　　010　　　0300　　　000　　　　　&　　　　[導体径]MM_[線心数]C
　　　　分野；40= 電気設備
　　　　大分類；05= 配線
　　　　中分類；010= 電力用電線
　　　　小分類；0300=600V ビニル絶縁ビニルシースケーブル（VV-R）

[スペックの書式を展開すると …]
　40　　　05　　　010　　　0300　　　000　　　　　　&　　　2.0MM_2C

CI-NET 等の EDI では、受発注者間で帳票データごとに電子データの送受信を行いますが、その受け渡すデータを「メッセージ」と称しています。

図表5は元請のゼネコンとその協力会社間でやり取りされる主なメッセージを示しています。

第2章 電子商取引EDIの現状と近未来

図表5：CI-NETのメッセージ（msg）

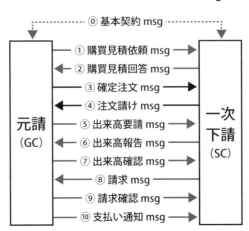

また、これまでに策定されたメッセージの内、CI-NET LiteS の対象としているメッセージは下表の通りです。

図表6：CI-NET LiteS が対象とするメッセージ

業務フェーズ	メッセージ名
見積業務	建築見積依頼メッセージ 建築見積回答メッセージ 建築積算メッセージ 設備見積依頼メッセージ 設備見積回答メッセージ 設備機器見積依頼メッセージ 設備機器見積回答メッセージ
購買見積業務	購買見積依頼メッセージ 購買見積回答メッセージ 見積不採用通知メッセージ

第2節　建設業界のバックオフィスの生産性向上に資する CI-NET の取組み

業務フェーズ	メッセージ名
契約業務 （注文業務等）	基本契約申込メッセージ 基本契約承諾メッセージ 確定注文メッセージ 注文請けメッセージ 鑑項目合意変更申込メッセージ 鑑項目合意変更承諾メッセージ 合意解除申込メッセージ 合意解除承諾メッセージ 合意打切申込メッセージ （合意精算申込にも使用） 合意打切承諾メッセージ （合意精算承諾にも使用） 一方的解除通知メッセージ 一方的打切通知メッセージ
納入業務	工事物件案内メッセージ
出来高業務	出来高要請メッセージ 出来高報告メッセージ 出来高確認メッセージ
立替業務	立替金報告メッセージ 立替金確認メッセージ
支払業務	請求メッセージ 請求確認メッセージ 支払通知メッセージ 工事請負契約外請求メッセージ 工事請負契約外請求確認メッセージ

3 普及推進の取組み

　前述の通り CI-NET の導入企業を増やすため、情報化評議会として普及推進の取組みを実施しています。CI-NET 電子商取引説明会の開催等の効果に加え、近年は急速なデジタル化への移行を背景として CI-NET 導入企業も増えつつあります。

1 CI-NET の導入状況

図表7のグラフはCI-NET導入企業数の推移をあらわしたものです。

図表7：CI-NET利用企業の推移（年度末時点／2023年度は8月末時点）

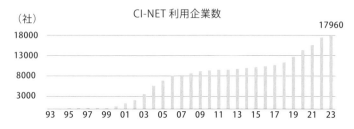

2001年に請負工事の電子契約が認められ、まずはじめに大手ゼネコンが中心となり、その取引先（協力会社）との間でCI-NETを導入する企業が増えています。また、近年においても増加傾向にあり、その要因としては次の理由が考えられます。

① 新型コロナの蔓延を背景に、脱ハンコ、脱書類が叫ばれ、デジタル化へ急速に移行したこと
② 発注側企業のシステム改修時期に当たり、CI-NET導入を検討する企業が増加したこと
③ 法制度（電子帳簿保存法）や税制（インボイス）等の環境変化に合わせ、デジタル化のニーズが高まったこと
④ i-ConstructionやBIM/CIMといったICT活用の機運が高まり、バックオフィスの生産性向上にも目が向けられたこと

❷ CI-NET を導入している発注側企業

2023 年 8 月末現在、1 万 7 千社を超える企業が CI-NET を導入しています。その内、発注側企業（主にゼネコン）は、84 社程度となっています。

発注側企業の企業規模は大手企業から中堅企業が中心ですが、地域に根づいた地場ゼネコン等も含まれます。発注側企業は、宮城県から佐賀県まで広く分布していますが、本社所在地での把握となるため、首都圏や愛知、大阪に集中する傾向にあります。

下記は情報化評議会が毎年、発注側企業に対して行っている「電子化率調査」のデータです。

- 調査対象：48 社
- 実施期間：2023 年 6 月 30 日（金）〜 8 月 10 日（木）
- 回答数：39 社（回答率 81.3%）
  （大手企業群：4 社、中堅企業群：18 社、地場企業群等：17 社）

CI-NET を導入している企業であっても、企業規模により電子化率に大きな差があることがわかります。なお、グラフには現れていませんが、建築と土木でも電子化率に差があり、建築 69%、土木 43%（いずれも契約件数）となっています。**図表 8** は契約件数による電子化率を示していますが、件数ベースと金額ベースにも差があり、件数ベースの電子化率は全体で 63% に対して金額ベースでは全体で 80% となっています。

図表８：発注側企業の CI-NET 電子化率

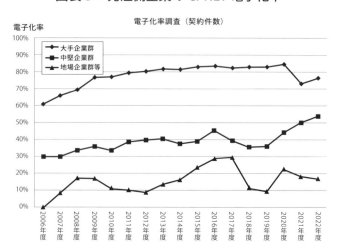

　また、CI-NET LiteS が対象とするメッセージは前述の通りですが、発注側企業によっては業務に偏りが見られます。**図表９**は、CI-NET を導入しているゼネコンごとの対象業務を示しています。建設生産システムの上流から下流まで、即ち見積業務から契約、出来高・請求等にわたりデータの利活用を行っている企業は図の A グループと B グループが該当し、EDI としての効果を最も享受していると言えます。CI-NET の普及を推し進める情報化評議会としては EDI の効果をより体感できる出来高・請求業務への事業拡大に向けた取組みを実施しているところです。

　具体的には、「業務拡大」をテーマとした説明会の実施や契約業務に留まる企業に業務拡大を働きかける等の取組みを行っています。毎月発生する出来高・請求業務は発注側企業のみならず、受注側の協力会社にとっても生産性向上につながり、働き方改革が叫ばれるなか、労働生産性向上が図られるため、受注側企業（協力会社）からもゼネコンの業務拡大に大きな期待が寄せられています。

第2節　建設業界のバックオフィスの生産性向上に資するCI-NETの取組み

図表9：ゼネコンごとのCI-NET対象業務（2023年7月時点）

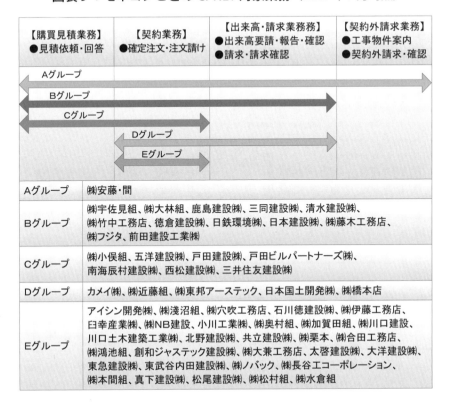

CI-NET説明会や個別相談会の開催のほか、広報普及の一環として、CI-NETのWebサイトを充実させる取組みも行っています。「はじめてのCI-NET」といったサイトでは、発注側企業がCI-NETを導入するまでのロードマップを示し、場面ごとに必要な資料の紹介を行っています。受注側企業に対しても導入手順として必要な標準企業コードや電子証明書の取得方法などをわかりやすく解説しています。

図表10：CI-NET Web サイト「はじめての CI-NET」

4 法改正等への対応

1 CI-NET のインボイス対応状況

(1) インボイス対応の背景

　情報化評議会では、2019 年度よりインボイス制度に対応した、規約改定を行いました。インボイス制度は全産業に及ぶものですが、CI-NET では出来高部分払い等の業界固有の商慣習も含めた規約改定を進めています。

(2) 規約改定

　適格請求書に必要な記載事項として、「発行事業者の氏名または名称及び登録番号」や「取引内容（軽減税率の対象品目である旨）」、「税率ごとに区分した消費税額等」などがあり、CI-NET の実装規約には新たに6項目を追加しています。単にデータ項目を新規追加しただけではなく、協力会社による出来高や資機材等の請求業務、また元請による立替業務など多岐

にわたってその影響への対応が必要となりました。特に、「税率ごとに区分」する要件の追加は、従来CI-NETでは請求金額等を単一税率で処理していたため、規約の大幅な変更と、変更に伴うシステム改修が求められました。

また、インボイス制度開始に伴い、新旧の規約を一時に切り替えすることは困難なため、2023年4月から9月の間に元請企業が、順次切り替えを実施しました。なお、情報化評議会では、新旧の規約が一定期間併存することを踏まえ、旧バージョンから新バージョンに円滑に移行するための運用に関しても検討を行っています。

(3) デジタルインボイス標準（JP PINT）との関係

適格請求書の発行は紙媒体でも、受発注者の合意があれば、電子媒体でも可能です。デジタル庁は日本のデジタルインボイスの標準仕様としてJP PINTを策定・管理しており、適格請求書を電子媒体で発行する場合、JP PINT形式による発行が可能となっています。ただし、適格請求書の要件を満たしていればCI-NET等の業界標準EDIでの発行も可能です。

現状のCI-NETユーザーは、主に元請企業のゼネコンとその協力会社ですが、JP PINT形式でのデータ交換の可能性もあり得ると考え、情報化評議会ではJP PINTとの連携について検討しています。

２ 電子帳簿保存法との関係

2021年に改正された電子帳簿保存法（2022年1月1日施行）では、CI-NET等のEDIデータは、電子データのまま保存することとされています[3]。

情報化評議会では電子データの保存期間を10年とすることを推奨しています。またデータの保存に関しては、CI-NETのサービスを提供するASPベンダーは、電子契約書やそれに付随する見積書、請求書等の電子

---

[3] 電子データの保存要件については2年間の猶予措置が取られています。

データについての保存サービスを提供しています。

　冒頭に「CI-NET 導入により期待出来る効果」を紹介しました。この中では印紙税の削減効果に注目が集まりがちですが、EDI の効果はいわゆる生産性向上の部分が大きいと考えています。実際に CI-NET を導入した発注側企業（概ねゼネコン）からは業務の効率化やスピーディな処理の効果が大きいと伺っていますし、今後はデータの利活用が期待されるところです。

　また受注者側の企業（協力会社）からは、やはり業務の効率化、特に出来高・請求業務への期待が大きいと感じます。

　2024 年 4 月以降は、時間外労働時間の上限規制がスタートしています。受発注企業の実務に携わる一人一人の生産性を挙げるツールとして、CI-NET は有効な手段であると思われます。本稿が CI-NET 導入を検討される企業の参考となれば幸いです。

5 CI-NET に関する情報取得

CI-NET に関する情報は以下の Web サイトから取得できます。

- CI-NET ホームページ：CI-NET の総合情報
  （CI-NET 導入・未導入企業向け）
  URL：https://www.kensetsu-kikin.or.jp/ci-net/
- はじめての CI-NET：CI-NET 導入の手順（発注者側・受注者側）
  （CI-NET 導入を考える初心者向け
  URL：https://ci-net.kensetsu-kikin.or.jp/hajimete/

第3節

建設業界のバックオフィス部門における現状の課題

株式会社インフォマート プロダクト統括部長　関塚　陽平

　建設業界は労働集約的な産業であり、人的労働力への依存が高い特徴があります。近年は公共工事で市場が活気づく一方で、労働者の高齢化や人手不足が慢性的な課題となっており、現場を支えるバックオフィス部門も状況は同様です。

　経理業務だけでなく、積算業務などの専門的な知識と経験が求められる建設業特有の重要な職種も多く、特に中小規模の事業者ほどバックオフィス業務は属人化しがちという課題もあります。

　建設現場では近年ドローンの活用や、2023年4月より始まった直轄工事におけるBIM/CIM原則適用への対応など、デジタル化による省力化・省人化へ取り組む企業が増えています。2024年4月から適用開始される「働き方改革」関連法も見据えて、他業界に比べ遅れがちだと言われている建設業界でも、DXは確実に進んできました。

　しかし、バックオフィス部門においては、未だに大量の取引文書を紙で処理する非効率な業務プロセスが根強いのが現状です。

　確かに、長年積み重ねてきた変わらない業務プロセスにはそれなりの方法論があり、見慣れたフォーマットだと確認しやすい、訂正や書き込みが容易という、紙ならではのメリットもあります。紙に社印や承認印が押印されているからこその信頼性という考え方もあるでしょう。ただ裏を返せばそのメリットは、紙だからこそのデメリットにもなりえます。慣れたフォーマットで手際よく確認するベテラン担当者に頼りきりで、属人的な状況から脱却できないのは、よくある事例です。また、訂正や書き込みが

容易なら、改ざんなどの不正も可能と言えます。大量の書類への形式的な押印に、本当の意味での信頼性があると言えるでしょうか。

　「ずっとこの業務プロセスで、困っていない」、「新しい仕組みに変えるほうが業務に影響が出そう」といった理由で、旧態依然とした属人的な業務を続けた場合、はたして5年後、10年後は、どうなっているでしょうか。企業の成長で増加する業務を、働き方改革関連法に準拠した労働環境を保ちながら処理するには、業務プロセスを見直し、システム導入も視野にいれた業務改革が、今こそ求められています。

図表1：バックオフィス業務の改善が進まない主な理由

第 3 節　建設業界のバックオフィス部門における現状の課題

1 業務改革をもたらす、インフォマートの『BtoB プラットフォーム』シリーズ

図表 2：『BtoB プラットフォーム』シリーズの概要

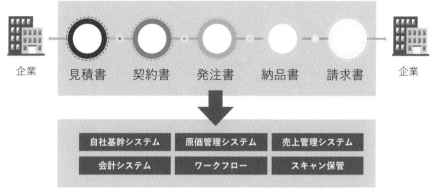

　株式会社インフォマートは、インターネット黎明期だった 1998 年に創業し、2023 年 2 月に創業 25 周年を迎えた、企業間電子取引サービスの先駆的企業です。フード業界向けのシステム提供にはじまり、以来一貫して人と人、企業と企業を結び続けてきました。そこで培ってきたノウハウをもってサービス対象を全業界に拡大し、2015 年に『BtoB プラットフォーム 請求書』を、2018 年には『BtoB プラットフォーム 契約書』をリリース。クラウド型のデジタル請求書システム国内シェア No.1[1] のサービスで、市場を牽引しています。

　『BtoB プラットフォーム 請求書』は、請求書の発行だけでなく、受取や支払金額の通知といった請求業務全体をデジタル化できるのが大きな特

[1] 2023 年度　東京商工リサーチ調べ：https://corp.infomart.co.jp/news/20231211_5275/

徴です。売り手（発行側）と買い手（受取側）、双方の企業における経理業務の作業負担を軽減します。

『BtoB プラットフォーム 契約書』もまた、発行側と受取側、双方の契約が Web だけで完了する、高度な電子契約システムです。社内承認を Web 上で行えるワークフローシステムや、紙の契約書をデータ化する機能も搭載。簡単な操作で進捗状況を細かく確認でき、取引先も無料で様々な便利機能やセキュリティ機能を利用できます。

いずれのサービスも単体の利用で、業務効率化の向上や、印紙代・郵送コストを削減しながらテレワークなどの柔軟な働き方を可能にし、電子帳簿保存法に対応したペーパーレスによる CO_2 排出削減効果で、環境負荷低減にも貢献します。

さらに、『BtoB プラットフォーム』シリーズ同士の機能や、会計システム、原価管理システム等の外部サービスとの連携によって、劇的な相乗効果を発揮するのが特徴です。

見積りから発注、請求まですべての書類業務をデジタルでシームレスにつなげる『BtoB プラットフォーム TRADE』は、バックオフィスの課題を解決し、業務改革の実現を後押しすべく 2021 年にリリースしました。建設業界特有の商習慣にも対応した、他に類をみない機能をご紹介します。

図表3：『BtoB プラットフォーム』シリーズ実績

利用企業社数 **100**万社　※2023年12月現在

利用ユーザー **273**万人　※2023年12月現在

流通金額 **44**兆円　※2023年度

2 見積りから請求まで、取引のすべてが Web 上で完結

図表4:『BtoB プラットフォーム TRADE』イメージ

　『BtoB プラットフォーム TRADE』は、企業間の商取引に必要な"見積り・発注・受注・納品・受領・検収"といった業務をデジタル化し、クラウド上で一元管理できるサービスです。『BtoB プラットフォーム 請求書』及び『BtoB プラットフォーム 契約書』との連携で、請求・契約業務もデジタル化すると、一連の商取引が『BtoB プラットフォーム』上でシームレスに完結します。建設業界の「見積書」、「注文書」、「注文請書」、「出来高報告書」、「請求書」をすべてデジタル化、ペーパーレス化できます。

　ひとことで言えば、紙だからこそ発生するムダをなくし、課題を解決するサービスが『BtoB プラットフォーム TRADE』です。例えば、文書の郵送に係る作業や、契約書に必要な印紙の貼付は、紙のやりとりだから必要な手間でありコストでした。また、紙で受け取るからこそ、入力作業が発生し、転記ミスがないか検算やチェック作業を行い、何人もの承認に時間がかかります。さらに、処理を終えた文書はファイリングして保管しな

ければなりません。今、当たり前だと思っているこれらの付帯業務は、『BtoBプラットフォーム TRADE』を利用することで、すべて不要になります。

図表5：BtoBプラットフォーム TRADE』主な機能

見積
WEBで見積を依頼、作成が可能。採用通知も即時届くから、承認にかかる時間が短縮されます

契約
WEBで契約を締結可能。契約書もデジタルで保管できるから検索や管理も楽に

発注・発注請け
WEB上で発行した見積書の内容がそのまま発注書に。転記の二度手間が不要です

納品
納品書も電子発行。印刷代や郵送費などのコストを削減し、紛失のリスクを防ぎます

検収
発注書と連携して検収書もWEBで発行。品目の漏れや書類紛失などのトラブルを防ぎます

請求
発注書・検収書と連携してそのまま請求書を発行可能。履歴が紐づいているから照合作業も楽に

出来高報告
下請け業者と行う出来高報告書の作成・報告をWEBで。確定した報告書から請求書も発行可能

電子署名・タイムスタンプ
発注書/発注請書に電子署名・タイムスタンプを付与可能。発注書ごとに約款を添付する作業を削減

ワークフロー（社内稟議）
発行した発注書・納品書・出来高報告書の社内申請が可能。スムーズな承認でミスを削減します

図表6：建設業で発生する主な取引

外注取引		資機材取引		備品一般管理費
取極めあり	取極めなし	契約なし	単価契約	

　建設業界では、工事請負は必ず発注書・発注請書を取り交わし、着工後に発注内容（契約内容）に変更が生じた場合はその旨の契約を結びなおすことが建設業法上で義務付けられています。工事請負だけでなく、建設資材、レンタルや警備、備品、燃料など多くの取引があり、発注書を伴わない取引区分も存在します。さらに管理部門などの他部署でも、広告・宣伝、採用、システム運用費といった一般経費や管理費が発生します。

　『BtoBプラットフォーム TRADE』は、部署を超えたすべての取引の電子化・デジタル化が可能です。発注書・発注請書に電子署名やタイムス

タンプを付与できるため、約款付き書類でも建設業法に準拠した取引がスピーディに締結します。

　また、発注書を交わさない取引で、郵送やメールといった様々な手段で届く請求書は、『BtoB プラットフォーム 請求書』と連携可能な AI-OCR『BP Storage for 請求書』で読み取り、データ化できます。読み込んだ請求データから「工種」「費目」「細目」等を設定できる機能が搭載されており、建設業における原価管理に必要な「原価仕訳」も容易に行えます。

図表 7：AI-OCR と電子データですべての請求書を 100%電子化

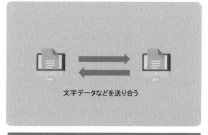

紙をスキャンした画像データからAIがテキスト部分を認識し、文字データに変換する機能。

文字データを送受信し請求書を自動作成する。会計システムなどで情報を持っていると、より簡単にデータを活用することが可能

　紙や PDF で受け取っている請求書をとにかく電子化して、インボイス制度や電子帳簿保存法に準拠した形で保存したいという場合は、AI-OCR のみの導入も可能です。請求書の発行側である協力会社への案内も不要で、簡単に電子化を進めることができます。

　ただ、抜本的に業務を効率化するには紙や PDF をなくし、発注から請求書の受領までを完全に電子化する必要があるでしょう。見積りから請求まで、取引の全データを同一プラットフォーム上に集約することで会社全体の生産性向上とコスト削減が実現し、内部統制の強化にもつながります。

データでやりとりすれば学習機能で勘定科目も自動的に仕訳され、正確でスピーディな処理が可能です。『BtoB プラットフォーム TRADE』は、会計システムや原価管理システムなどの外部システムとの連携でより劇的な業務効率化が期待できます。

建設業界向けに特化して、複数取引先へ同時に見積り依頼を送信し、見積書の回収ができる「相見積機能」や、建設業界の商習慣である出来高払いに対応した「出来高管理機能」といったオプション機能も多数ご用意しています。詳しくはお問い合わせください。

四半世紀以上にわたって約 100 万社の国内企業とその先につながる取引先企業の DX 推進に貢献してきた実績とノウハウで、万全のサポート体制を敷いています。実際に『BtoB プラットフォーム TRADE』を活用している企業の導入事例と効果を次頁に掲げました。

図表 8：『BtoB プラットフォーム TRADE』全体像（出来高取引―外注）

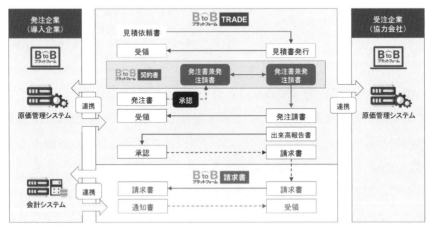

第3節　建設業界のバックオフィス部門における現状の課題

◆事例

導入事例_導入効果❶（注文書・請書）

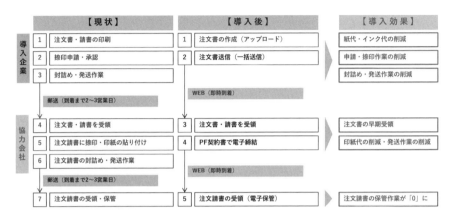

導入事例_導入効果❷（請求書）

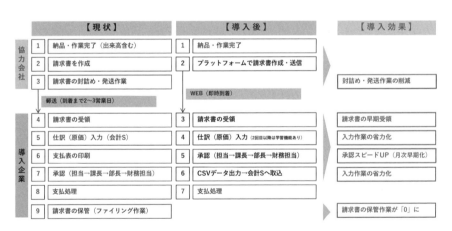

3 業務にツールを合わせるのではなく、ツールに合わせた業務改革を

　インボイス制度や電子帳簿保存法の改正に伴うデジタル化や、2024年問題とも呼ばれる、「働き方改革」関連法の適用など、建設業界は大きな変革を求められています。財務会計上の信頼性を高める内部統制の構築も

不可欠です。

　旧態依然とした属人的な作業から脱却するには、構造そのものを変えていく必要があります。これまでのやり方を変えたくない、現状を維持したいという心理は、企業成長の妨げにもなりかねません。

　ツールの導入は業務改善の第一歩ですが、人力で行っていた作業にツールをただあてはめるだけでは効果は限定的です。長年続けてきたやり方から大きく変わるとしても、導入するシステムに合わせて業務プロセスを新たに構築し、フローを抜本的に見直すほうが、より高い水準での業務効率化につながります。

　DXとは、デジタルツールを導入して終わり、紙をなくして終わりではなく、社内の業務をひとつにつなげ、さらに企業と企業をつなげ、産業全体のつながりを広げていくことに他なりません。デジタルによる変革を、ただ法令遵守のために取り組むのではなく、働き方を変えて建設業をより働きやすく魅力的な産業にしていく足がかりとすることで、新しい世界が広がっていくのではないでしょうか。

　インフォマートは創業以来一貫して企業間商取引のデジタル化に取り組み続けてきました。時代のニーズに応え先端技術を取り入れながら『BtoBプラットフォーム』シリーズは、現在8つのサービスを展開しています。同業他社とも協働し、自社の利潤を超えて社会的価値・存在意義を追求し続け、目指しているのが、デジタルによる社会変革の実現です。

　人と人、企業と企業がつながったさらにその先の、新しい価値、ベネフィットを提供したい。

　私たちは『BtoBプラットフォーム』シリーズを通して、これからの時代の建設業界を裏側から支えてまいります。

2024年3月時点の情報です。

第3部

建設各社による
バックオフィスDX導入事例

> ## 事例 1

働き方改革、待ったなし！！
竹中工務店が描く DX 推進

株式会社竹中工務店
デジタル室　ビジネスアプリケーション1グループ長　芦田　浩史

1 はじめに

　竹中工務店はデジタル変革の加速に向けて、営業から維持保全に至る一連の建設プロセスにおけるプロジェクト業務や人事・経理等、事業に係るすべてのデータを一元的に蓄積、AI 等で高度利活用するための基盤として「建設デジタルプラットフォーム」をクラウド環境に構築し、「デジタル変革により 2030 年に目指す姿」の実現に向けた全業務のデジタル化、建物及び業務プロセスのデジタルツインの構築を目指しています。

2 竹中工務店のデジタル化推進

❶「建設デジタルプラットフォーム」の構築によるデジタル変革の取組み

　竹中工務店は、デジタル変革の加速に向けて、営業から維持保全に至る一連の建設プロセスにおけるプロジェクト業務や人事・経理等、事業に係るすべてのデータを一元的に蓄積、AI 等で高度利活用するための基盤として「建設デジタルプラットフォーム」をクラウド環境に構築し、2021年 11 月より運用を開始しました。

　「建設デジタルプラットフォーム」を活用し、「デジタル変革により2030 年に目指す姿」の実現に向けて 2022 年度中に全業務のデジタル化を

図り、以降もデータ蓄積と新たなデータ取得を進め、AI の精度向上及び適用範囲を拡大しています。また、「建設デジタルプラットフォーム」により、建物及び業務プロセスのデジタルツインの構築を目指し、建設業界のデジタル変革を牽引しています。

◆「建設デジタルプラットフォーム」

「建設デジタルプラットフォーム」はデータレイク[1] と IoT・BI[2]・AI が一体で機能するデータ基盤とアプリケーション群の統合基盤です。データ基盤では、営業・設計・見積・工務・施工管理・FM 支援サービスや人事・経理等、事業に係るすべてのデータを一元的に蓄積し、BI による可視化、AI 等による分析・予測を行うことで意思決定をサポートします。順次整備を進めている各種アプリケーションと連携し、多岐にわたる業務でのデータの高度利活用を実現します。

これまで個別に蓄積していたデータを「建設デジタルプラットフォーム」に集約したことで、プロジェクト業務や事業管理での AI 活用が可能となり、例えば設計領域では構造設計における試算や断面検討、生産領域では施工管理人員の予測を実現しました。

また「建設デジタルプラットフォーム」により、協力会社と共同で建設資材の搬入・据付状況を IoT で集約・蓄積し BIM と連携する等、施工デジタルツインの実現に向けた様々な取組みを進め、施設運用でのデータ活用へとつなげています。引き続き、実施中の竹中新生産システム[3] の展開や BIM 活用の推進活動と連動した業務のデジタル化と、大量データによる AI の継続進化により、ものづくりの大幅な生産性向上を含めた事業の効率化と、社会とお客様への新たな価値創出を進めます。

---

[1] データレイク：大量のデータを一元的に集約・蓄積するためのデータ管理システム。
[2] BI（ビジネス・インテリジェンス）：企業に蓄積された大量のデータを集めて分析・可視化するツール。
[3] https://www.takenaka.co.jp/solution/shinseisan/index.html

図表1：建設デジタルプラットフォーム

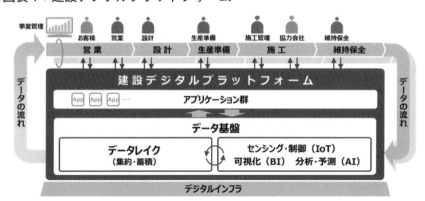

2 DXアプリ開発

当社のDXアプリ開発は、デジタル室が事業部門と連携し、全社的な視点で企画・計画書に基づき開発します。状況に応じて、スクラッチ開発やパッケージソフトの適用、SaaSの利用等を適用しています。DXを推進する中で、スピーディな課題解決と利用者によるデジタル推進が重要であり、ローコード／ノーコードツールの適用も進めています。具体的な適用事例を紹介します。

(1) 情報収集・共有業務の効率化事例

本社・各本支店間での情報収集・共有業務では、共用サーバに保管したファイルに各店メンバーが情報を入力、本社事務局がとりまとめを行う運用が多く、登録頻度や件数によっては負荷が大きいため運用負荷軽減と業務効率化が求められていました。

これらの課題に対して、個別にシステム開発を行うのではなく、汎用性の高いツールを用いて、効率的な開発が可能なローコード／ノーコードツールを適用しました。

これにより、事前に準備した画面案用いて事業部門のニーズを聞きながら修正し、打合せ終了時にはリリースできる状態（最短10分で完了）に至

ることもあり、究極のアジャイル開発であると実感しました。

図表2：情報収集・共有業務の効率化事例

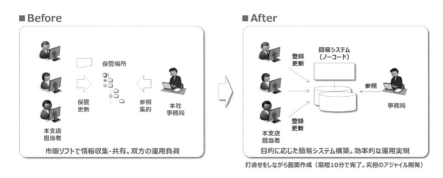

　特に効果を発揮したのが2020年4月に対応した「**新型コロナウイルス感染症による業務影響**」の把握でした。全国で稼働中のプロジェクトにおいて、刻一刻と変化する新コロナウイルス感染症の影響をタイムリーに把握し、全社的な対策を講じることが喫緊の課題となっていました。可能な限り早く運用を開始したい事業部門のニーズと全店の稼働プロジェクトを共用サーバに保管したファイルでの運用は、多大なる労力を要すると判断し、ローコード／ノーコードツールを用いたサンプル画面の提示と運用提案を行い、数日後には本格的な運用を開始しました。通常の開発では考えられない迅速な情報共有を実現しました。

　上記以外の代表的な適用事例は、以下の通りです。

- 地域貢献活動や社会貢献活動への参加情報の収集・共有
- 社内発表会における電子審査情報の収集・活用
- 各種ナレッジ情報の収集・共有
- 社外サービス利用申請や各種報告書の申請、他

（2）利用者自身によるデジタル変革推進事例

　DX 推進を推進するうえでデジタル人材の育成にも取り組んでいます。利用者自身による業務改善を支援するためローコード／ノーコードツールの利用環境を整備しました。これにより各本支店・各部門において、高いデジタルスキルを有する人材による業務改善活動が広がっています。

　特に印象的な事例のひとつに「在宅勤務報告業務の改善（業務開始、終了報告、検温管理）対応」への適用があります。在宅勤務（新型コロナウイルス感染症対策）においては、業務開始・終了時に上長への報告が必要で、メールやチャットを用いて運用していました。所属メンバーが多く、メールで運用している部門では、毎日届くメール処理と週次や月次での実績把握に時間を要していました。

図表 3：利用者自身によるデジタル変革推進事例

　この状況を踏まえ、デジタルスキルに長けた事業部門のメンバーがローコード／ノーコードツールを用いて、メンバー用の報告アプリと上長用の申請・実績確認アプリを構築し、業務改善を実施しました。

　登録画面では、入力負荷を軽減するためにデフォルト値を設定し、入力ミスを防止するために業務開始画面と終了画面を色分けしています。また、上長確認画面では、申請状況を一覧によりリアルタイムで確認した

り、ビジュアルを用いた申請実績の把握ができるような利用者目線での工夫が施されています。

　上記以外の代表的な適用事例は、以下の通りです。

- ●作業所（建設現場）における各種図面の申請管理業務の改善
- ●作業所（建設現場）における各種施工管理業務の改善
- ●協力会社との安全衛生協議会対応業務の改善
- ●海外渡航申請情報や調達契約情報の管理業務の改善、他

（3）定型業務の効率化事例（RPAの適用）

　2024年4月から建設業にも適用されている時間外労働の上限規制に照準を合わせた「抜本的全社生産性向上によるWLB（ワークライフバランス）向上」活動の方策のひとつとして、RPA（ロボティック・プロセス・オートメーション）を活用した「定型業務の効率化」にも取り組んでいます。

　本社、本支店から募集したRPA化の企画書に基づき費用対効果を確認、優先順位を定めて進めています。RPA化においては、業務担当者の作業手順の具現化、業務フロー化と要件定義に時間を要するためローコード／ノーコードツールを適用し、開発時間の短縮を図っています。これまで開発したRPAの中から人の介在を無くした事例について紹介します。

　作業所（建設現場）で排出する建設副産物の申請・管理は、社外サービスを利用し、効率化を図っています。一方、そのデータを社内システムに取り込み、様々な分析や共有に利用しているため各本支店の担当者は、最新情報を把握するため社外サービスから毎日データをダウンロードし、社内システムにアップロードすることを定型業務として対応していました。

図表 4：定型業務の効率化事例（人からロボットへ）

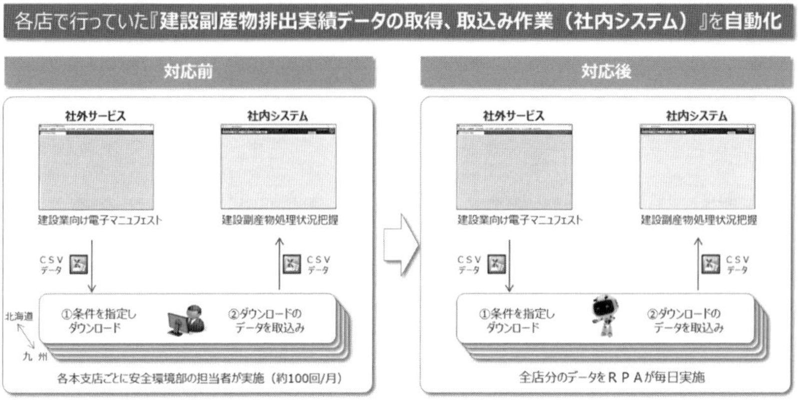

社外サービスとの連携については、RPA が得意とする領域であり、当社 RPA の第一号として実現した案件です。人の介在が全く無くなるという、これまでのシステム開発で得られた省力化とは次元の異なる効果であることを実感しました。

図表 4 については、水平展開活動に利用している PR 資料の一部を抜粋したもので、興味を持った社員が一目で理解できることをコンセプトに運用中の RPA 一覧から詳細事例として参照可能できるよう、効果や展開状況を加えて、1 枚にまとめた資料です。

上記以外の代表的な適用事例は、以下の通りです。

- 新卒採用業務における学生と向き合う時間の創出・確保
- 作業所（建設現場）における熱中症防止に向けた暑さ指数の自動配信による安全確保
- 作業所（建設現場）における協力会社作業実績登録作業の自動化（OCR 連携）
- 作業所（建設現場）における工程に応じた品質関連資料の自動配信による品質向上、他

3 デジタル変革に向けて

1 デジタル人材育成

　これまで、非情報系の新卒採用者は、様々な部門やプロジェクトを数多く経験し、事業部門のエキスパートとして、事業分野の専門性を高めてきました。また、情報系の新卒採用者は、部門内ローテーションや様々なプロジェクトを数多く経験し、デジタルエキスパートとして、デジタル技術分野の専門性を高めてきました。

　先に記述した通りデジタル変革を推進するうえで、事業分野の専門性に加えて、デジタルスキルを身に付けた「ハイブリッド事業人材」を育成し、全社的に整備したDXアプリの活用に加えて、利用者自身による自己解決を図ることが理想です。

　一方、デジタルエキスパートにおいては、変化が激しい状況の中、継続的に新たなデジタルスキルを身に付けることに加えて、事業部門の専門性を身に付けた「ハイブリッドデジタル人材」の育成が求められています。

　実現に向けて、全社的なデジタル教育の推進や事業部門との交流等、継続的に進めています。

図表5：デジタル人材育成（DX推進で求められるスキル）

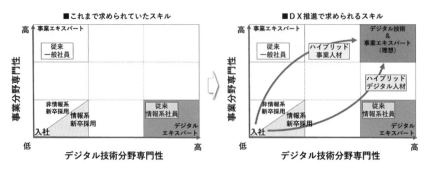

❷ 建設デジタルプラットフォームの今後の展開

「お客様の課題解決と事業機会の供出」「建築とそのプロセスでのサステナブルな価値提供」及び「お客様満足を生み出すものづくり」を「デジタル変革により 2030 年に目指す姿」として策定しています。

図表6：デジタル変革により 2030 年に目指す姿

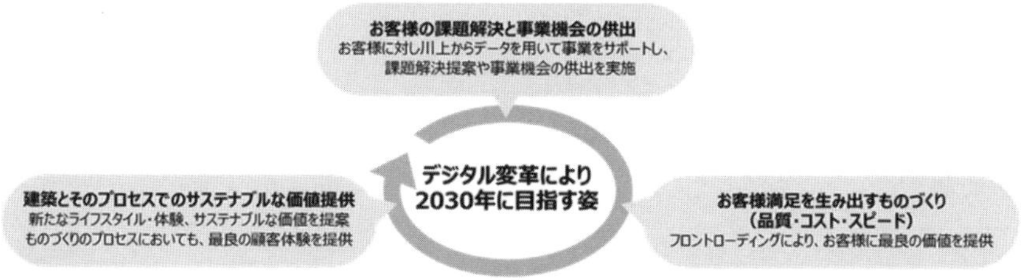

4 終わりに

「デジタル変革により 2030 年に目指す姿」の実現に向けて、「建設デジタルプラットフォーム」と当社開発済のスマートビル実現のためのサービスプラットフォーム「ビルコミ」やロボットの自律走行・遠隔管理プラットフォーム「建設ロボットプラットフォーム」等との連携を深め、建設事業から施設運用に至るトータルな展開を図っています。

また地域社会における様々なデータプラットフォームとの連携も進め、企業の枠を越えたビジネスとデータ活用を展開することで、「まちづくり総合エンジニアリング企業」として新しい建築・まちづくりサービスの提供を目指す所存です。

図表 7：新しい建築・まちづくりサービスの提供

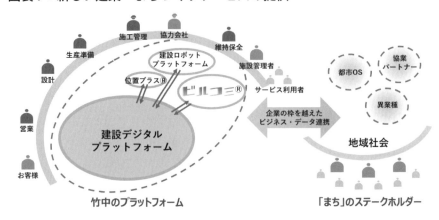

【会社概要】

社名	：株式会社　竹中工務店
本社所在地	：〒 541-0053　大阪市中央区本町 4 丁目 1-13
資本金	：500 億円（2023 年 3 月現在）
売上高	：1 兆 3,754 億円（2022 年度連結）
建設業者許可番号	：国土交通大臣許可（特－1）第 2744 号（般－1）第 2744 号
従業員数	：7,751 人（2023 年 1 月現在）
事業内容	：①建築工事及び土木工事に関する請負、設計及び監理 ②建設工事、地域開発、都市開発、海洋開発、宇宙開発、エネルギー供給及び環境整備等のプロジェクトに関する調査、研究、測量、企画、評価、診断等のエンジニアリング及びマネジメント、他

事例2

西松建設の CI-NET 導入の背景

西松建設株式会社

DX 戦略室　ICT システム部　情報システム課　担当課長　**古城　康彦**

1 はじめに

　西松建設株式会社は、1874 年（明治 7 年）創業で、2024 年に創業 150 周年を迎えることになりました。建設事業、開発事業、不動産事業ほかを主要事業としています。2022 年に DX 戦略室を発足して、「西松建設 DX ビジョン」を策定しました。

　当社は過去に発生した外為法違反などの不祥事を契機として、2009 年に大規模な業務改革プロジェクトを立ち上げました。このプロジェクトの目的は、全業務プロセスの見直しと、透明性の高い業務システムの再構築でした。この中で、建設業界に最適化された唯一の EDI（電子商取引）インフラである CI-NET の導入が検討されましたが、業務システム再構築の規模が大きく、CI-NET に関する部分については、一時的に導入は延期されました。

　再構築された新システムの導入後 1 年が経過し、システムの安定稼働を見計らい、CI-NET 導入の再検討を始めました。2012 年 10 月には社内稟議が行われ、2013 年 7 月にはモデル取引先での試行を開始しました。このプロセスを通じて、西松建設は CI-NET 導入への第一歩を踏み出しました。

　CI-NET 導入の背景には、業務プロセスの透明性向上や、内部統制の強化という大きな目標がありました。特に、不祥事をきっかけに社内外から

の信頼回復を図る必要があり、それには業務の透明性と効率性の向上が不可欠でした。CI-NET は、これらの課題を解決するための重要な手段として位置付けられました。

西松建設の取組みは、単なるシステム導入を超え、組織文化の変革をも意味しています。業務プロセスの見直しは、新たな働き方やコミュニケーションの改善にもつながり、従業員の意識改革にも寄与しました。CI-NET 導入により、データの透明性とアクセシビリティが大幅に向上し、業務の効率化と精度向上が期待されました。

2 CI-NET 導入のメリット

西松建設の 2022 年度取引先は 4,971 社あり、そのうち CI-NET 対象となる企業は 2,167 社、注文件数は 24,301 件、同じく CI-NET 対象の注文件数は 15,264 件に上ります。CI-NET の導入によって、西松建設は業務の効率化とデータの活用を大きく進めることができました。このシステムは、発注者である西松建設にとって、データの有効活用、迅速な情報収集、発送や連絡作業の削減、転記や照合作業の削減といった複数のメリットをもたらしました。これらのメリットは、業務プロセスの効率化だけでなく、プロジェクト管理の精度向上にも寄与しています。

また、受注者である協力会社にとっても、CI-NET の導入は大きな利点をもたらしました。特に、操作方法の統一化や作業時間の削減は、協力会社にとって顕著な利益でした。協力会社は、CI-NET を通じて、見積りから注文までのプロセスを効率化し、誤りの少ないデータ入力を実現できました。これにより、作業負担の軽減や、間違いの減少が実現しました。

CI-NET 導入のもう一つの大きなメリットは、印紙税の節税でした。これは双方にとっての直接的なコスト削減につながり、特に協力会社にとっては大きな経済的利益となりました。導入後のヒアリングでは、多くの協

力会社から操作方法の一本化や時短につながるメリットが大きいとの声が
あがっています。

CI-NET の導入によって得られたこれらのメリットは、西松建設が業務
改革を進めるうえでの重要な要素となりました。データ活用の拡大、作業
効率の向上、コスト削減など、CI-NET は西松建設のビジネスモデルを変
革し、競争力を高めるための重要なツールとなっています。

3 業務環境とシステム概要

西松建設における業務環境は、CI-NET の導入によって大きく変化しま
した。購買見積から注文までの EDI 化を実現し、これにより業務プロセ
スのデジタル化と効率化が進みました。当社は EDI システムとして富士
通製の「WEBCON」を採用し、社内システム（原価管理システム）には、
富士通エンジニアリングテクノロジーズ製の「BESt-PRO 原価」をカスタ
マイズして利用しています。これらのシステムは実行予算管理業務、発注
業務、出来高／原価管理業務など、西松建設の業務の核を支えています。

CI-NET のデータ連携では、現場負担を軽減するためにスモールスター
トのアプローチが採用されました。これにより、導入初期のユーザビリ
ティや適応の問題を緩和し、徐々にシステムを展開していくことができま
した。現在、西松建設は出来高、請求の EDI 化を検討しており、これに
よりさらなる業務の効率化とデータ管理の強化が期待されます。

西松建設の業務環境において、CI-NET の導入は単なるテクノロジーの
更新にとどまらず、業務プロセスの根本的な見直しと改善を意味していま
した。データの透明性とアクセシビリティの向上は、業務の質の向上に直
結し、全社的なデジタルトランスフォーメーションへの道を切り開きまし
た。CI-NET とこれらのシステムの連携により、西松建設は業務のデジタ
ル化を実現し、データドリブンな業務遂行・経営を目指します。

6-2. システム概要

> 社内システムとEDIシステムの連携方法

※「購買見積・回答」、「注文・注文請け」からのスモールスタート

◎：自動連携
△：未連携（Excel取込）
×：連携なし（手入力）

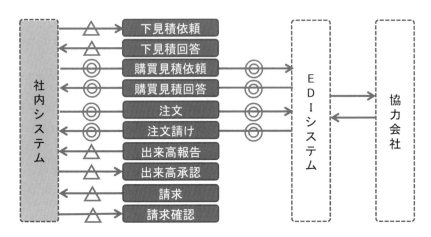

7. 購買見積〜注文の流れ

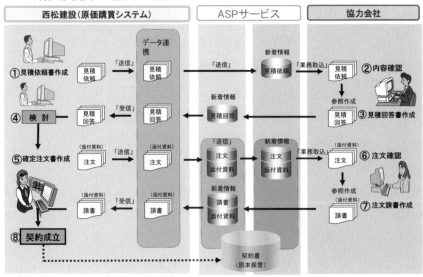

4 導入と展開上の課題

CI-NET の導入と展開にはいくつかの課題がありました。特に、社内システムとの整合性や協力会社への導入勧誘が大きな課題でした。西松建設は、紙文化に慣れ親しんでいる会社への説得や、トータルコストメリットの説明に苦労しました。これは、長年にわたる慣習やプロセスの変更に対する抵抗感からくるものであり、CI-NET 導入の際には大きな障害となりました。

見積依頼・回答の普及が進まなかったことも課題の一つでした。導入された当初は、利用率が数 % 程度に留まり、多くの現場で CI-NET の利用が進んでいませんでした。これは、社内システムに Excel でのデータの取り込み機能が存在することや、社内外での Excel の普及・親和性が原因で、CI-NET のメリットが十分に認識されていなかったことが背景にあります。しかし、セキュリティ上の理由から Excel ファイルの取扱いは困難になっています。また、自由な表現が可能であることが Excel の親和性の要因ですが、その自由さがデメリットとなりデータの不整合や大きな間違いを引き起こしてしまいます。これらのことから脱 Excel 化の必要性が高まっています。

CI-NET の導入により、社内外の多くのステークホルダーに影響を与えることとなりました。これは、組織文化や業務プロセスの変革を意味し、従業員や協力会社の意識や行動の変化を必要としました。西松建設は、これらの課題を乗り越えるために、内部コミュニケーションの強化、教育プログラムの実施、ユーザビリティの向上に注力しました。これらの取組みは、組織全体のデジタルトランスフォーメーションを推進し、業務効率化とデータ管理の向上に寄与しました。

5 今後の取組み

西松建設における今後の取組みとして、新システムの構築の中で、出来高・請求の EDI 化を実施し、見積りから注文・出来高・請求すべての EDI 化率の向上を目指します。特に、ペーパレス化や脱 Excel 化を推進し、EDI 化率を限りなく 100% に近付けることが目標です。これにより、データ管理の効率化と精度の向上が期待されます。

新しいシステムの構築においては、より効率的で使いやすいプラットフォームの開発が重要です。これは、従業員や協力会社のユーザビリティを高め、データの取扱いや業務プロセスの改善に直接貢献します。さらに、新システムは、データの一元化と可視化を実現し、プロジェクト管理や意思決定の精度を向上させることが期待されます。

CI-NET のデータは、原価だけでなく工程と安全のデータを組み合わせることで歩掛データとなりますし、原価データから環境データを抽出することもできます。また BIM が推進されており、BIM の資機材プロパティ情報と納品予定データは事前照合され、同情報を持った RFID タグを現場にて自動通門管理することで、間違いの無い仕様のものが必要な時期に間違い無く納入されている、という品質保証にもつながります。通門後の資機材は RFID タグに情報を持っていますので、RX コンソーシアムで共同開発中の自動搬送ロボへの引渡しも可能となります。また、納品データはもちろん出来高・請求へとつながっていきます。

このように CI-NET を活用することにより、原価、工程、品質、環境、安全など、多岐にわたるデータの相互連携により、データドリブンな業務推進が可能になります。これらの取組みは一企業の業務効率化だけでなく、広く推し進めることで業界全体のデジタルトランスフォーメーションにつながるものと考えています。

今後、西松建設は、CI-NET を活用したデジタルトランスフォーメーションをさらに進めていく方針です。これには、技術の更新だけでなく、組織文化や働き方の変革も含まれます。従業員のデジタルスキルの向上、新たな業務プロセスの確立、より効果的なコミュニケーション方法の探求など、多面的なアプローチが求められます。これらの取組みにより、西松建設は建設業界におけるデジタルイノベーションのリーダーとしての役割を担っていきたいと考えています。

【会社概要】

社名	：西松建設株式会社
創業	：1874 年（明治 7 年）
本社所在地	：東京都港区虎ノ門一丁目 17 番 1 号　虎ノ門ヒルズビジネスタワー
資本金	：23,514 百万円
売上高	：339,767 百万円（2023 年 3 月）
従業員数	：2,804 人（2023 年 3 月末現在）
事業内容	：建設事業、開発事業、不動産事業　ほか

事例3

建設業界の紙文化一掃するDXプロジェクト
契約から一気通貫の仕組みを、取引先と共に構築

坪井工業株式会社

管理部　DX推進室長　舘野　邦之

1　はじめに

　坪井工業株式会社は、東京の銀座に本社を置く、1932年創業で90年の歴史を持つ総合建設業の会社です。社員は310名で、首都圏を中心に東北から名古屋まで8支店を展開しています。

　主要事業は、建築・環境・土木鉄道・不動産の4分野です。

　メインとなる建築事業は、オフィスや商業ビルのほか、病院・介護施設、大型物流倉庫、図書館や学校等の公共施設も手がけています。大型物件だけでなく、地元銀座を中心に繁華街の建物も数多く施工してきました。

　環境事業は、太陽光発電所の建設・メンテナンスを請け負っています。さらに、総合建設業として築いてきた実績やノウハウを活かして展開しているのが不動産事業です。

　土木事業は、創業以来、鉄道の新線の敷設やメンテナンス工事を請け負っており、橋梁・道路工事に多くの実績があります。

2　DXプロジェクト立ち上げの背景

　まず建設業界は、2024年4月より働き方改革関連法で、時間外労働に罰則付きの上限が設けられていますので、月45時間、年360時間の時間

外労働に収めるための作業効率化が必要です。加えて、2023年10月から始まったインボイス制度や2024年1月から始まった改正電子帳簿保存法への対応等も、デジタル化による業務効率化と並行して実現する必要があります。

当社では将来的に、攻めのDXを実現していこうという基本計画のもと、工事部門でのBIM導入を端緒として、2022年11月には、管理部の中にDX推進室を設置し、DXプロジェクトを立ち上げました。

3 DXプロジェクトの具体的な取組み

近年のDXの流れの中で、購買部契約室ではまず、注文書や請求書をデジタル化できないかと考えました。

工事部の現場事務においても、発注や請求書業務には、大量の紙の書類が存在します。特に現場担当者は、忙しい業務の合間に請求書の内容確認等をしなければなりませんから、デジタル化による業務時間の短縮は必要不可欠です。

経理部では、工事現場で発生する請求書の支払処理を担っています。請求額は1つの工事で億円単位のものから、100万円以下の小さなものまで様々です。取引業者は500社以上にわたり、請求書は月に2,000件以上届きます。経理部には5名が所属し、また工事部にも事務担当者を配置していますが、紙の請求書の現場処理を経て、経理部に届くまでの業務の負担は大きく、多大な時間を要しているのが現状でした。

そこでDX推進室では、本プロジェクトの基本方針として、

①契約から支払いまで一気通貫でデジタル化
②取引先の協力も得て導入当初から高いデジタル化率に
③発注の半数、支払処理の2/3を電子取引に変え業務負担を軽減

という3つの目標を掲げて、確実にかつ短期間でデジタル化する方法について、調査・検討を開始しました。

　おりしもバックオフィスDXと称する展示会やセミナーが目白押しで開催されていた中、非常に多くのソフトウェアやクラウドサービスが紹介されており、情報収集や検討作業に役立てました。当社は、建設業界のDX事情に詳しいICTアドバイザリー企業と契約して、当社の目標を達成できるクラウドサービスも並行して検討を始めました。現時点で利用可能な各社のクラウドサービスを調査しながら、当社としてはまずは発注業務と請求処理業務のデジタル化から、DX推進をスタートすることにしました。正直なところ長年にわたり紙のやりとりで行っていた業務を変えることに不安はありましたが、デジタル化は今後必然の流れであると覚悟を決めて取り組みました。

　検討の結果、導入企業数84万社と国内最大級のシェアを持つインフォマート社の『BtoBプラットフォーム TRADE』と『BtoBプラットフォーム 請求書』、『BtoBプラットフォーム 契約書』のシリーズを導入することとしました。検討過程において、導入コスト・月々のランニングコストの比較はもちろんのこと、国内トップシェアのサービスという点も、決め手のひとつになりました。使いやすさもポイントで、注文請書や請求書を実際に発行するのは取引先である各業者なので、なるべく手間がかからないようにという意識がありました。

図表1：BtoB プラットフォームによる請求書の処理の流れ

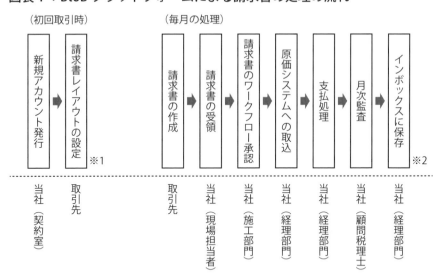

※1（請求書レイアウトの設定）
当社の原価システムに取り込むための会計上必要な項目を BtoB プラットフォーム請求書に設定（工種、要素、注文書番号）
※2（インボックスに保存）
BtoB プラットフォーム請求書以外の請求書（公共料金等）と同じ場所に電子データを保存するためにインボックスのクラウドサービスを利用

4 システム導入後、業務はどのように変化したのか？

　発注業務では、これまで注文書をエクセルで作成して、当社指定の注文請書と一緒に郵送していました。システム導入後の現在、取引のある約800社のうち500社以上と『BtoB プラットフォーム TRADE』でやりとりしています。例えば「工事一式／○億円」と入力して必要な資料を添付します。取引先が内容を確認して承認ボタンを押せば、即座に注文請書として戻ってくるので、受領もクラウド上で完結できて便利です。郵送にかかる手間と時間と郵便代はなくなりましたし、書類の紛失のリスクもありません。電子署名の連携機能を利用して、『BtoB プラットフォーム 契約

書』にも電子契約書として、同じデータが残ります。注文請書に貼付する収入印紙の負担がなくなるのも大きな利点であると思います。

　経理部では、月2,000件届く請求書のうち、約7割分を『BtoB プラットフォーム 請求書』で受け取っています。各現場に届いていた請求書は、システム導入を機に、工事部で集約して受け取る業務フローに変更しました。工事部から、それぞれの現場担当者に請求データを割り振って、その内容を確認してもらい、工事担当者と上長の承認を経て工事部へ戻してもらいます。

　建築施工部の事務担当者にヒアリングすると『BtoB プラットフォーム 請求書』で受け取った後請求データを CSV で出力し、エクセル上で加工して、一気に原価管理システムに取り込めるので、手入力の手間が大幅に減りました。」と好評です。

　このように発注処理の半数と、支払処理の2/3を電子取引化という高いデジタル化率を実現。社内の業務負担を大幅に軽減して、残業時間の削減にも寄与してきました。

5　システム導入の成功要因

　システム導入成功の大きな要因としては、運用当初から取引先の半数の賛同を得られたことが挙げられます。取引先の視点に立って、取引先が使いやすいように、という点にこだわったことが取引先の半数の賛同を得られた要因かと思っています。

　具体的には、当社仕様の操作マニュアルを作成して、徹底的にわかりやすく操作方法をお伝えしました。操作画面のキャプチャをふんだんに盛り込み、PC 作業が不慣れな方でも、このマニュアルを見れば操作できるよう心がけて極力、抵抗感なく使っていただけるようにしました。

事例3　建設業界の紙文化一掃する DX プロジェクト

6 今後の展望

　当社のバックオフィス DX 推進の取組みは、始まったばかりです。積極的で先進的なデジタル化を社内に浸透させたい、と考えています。例えば、今回導入した『BtoB プラットフォーム TRADE』も、建設業界特有の商習慣である「出来高請求」に対応した機能の活用と検討を進めています。見積りや発注のデジタル化だけでなく、出来高報告書の発行、それに基づいた請求データの受領、といった一連のやりとりがスマートにデジタルでつながればと考えています。

　請求業務についても、デジタル化できずに、紙で受け取っている請求書や納品書、領収書等の国税関係書類の電子保存の検討を進めています。検索要件に必要な記録項目を正確にデータ化して、改正電子帳簿保存法に対応していく予定です。

　DX 推進の取組みを進めて、データとデジタル技術を活用して、労務そのものやプロセス等を見直しながら、ビジネス環境の激しい変化に対応すると共に、さらに優位性を確立していけたらと考えています。

【会社概要】

```
社名　　　：坪井工業株式会社
本社所在地：東京都中央区銀座 2-9-17
資本金　　：1 億円
売上高　　：410 億円（2023 年度）
従業員数　：310 名（2024 年 3 月現在）
事業内容　：建築事業、環境事業、土木鉄道事業、不動産事業
```

213

[編者]

一般財団法人 建設産業経理研究機構

Foundation for Accounting Research in Construction Industry（FARCI）

　建設産業経理研究機構は、建設業経理に係る諸問題を検討し、その成果等に関する情報を提供することにより、建設業者の経理の適正化、人材育成を図り、経営の強化に資することを目的として設立された調査研究機関です。

　次の業務を実施しています。

(1)　建設業経理検定試験のための「概説書」等を含む書籍の発刊

(2)　当機構の機関誌の発刊

(3)　建設業経理等に係る各種の調査研究

(4)　建設業経理等に係る各種のコンサルティング

(5)　建設業経理等に係る講演会、セミナー等の開催

(6)　建設業経理等に係る情報システム等の構築と普及

(7)　その他関連する業務

生産性向上のための建設業バックオフィスDX

2024年9月6日　初版発行

編　者　一般財団法人　建設産業経理研究機構 ©

発行者　小泉　定裕

発行所　株式会社 清文社
東京都文京区小石川1丁目3−25（小石川大国ビル）
〒112-0002　電話 03（4332）1375　FAX 03（4332）1376
大阪市北区天神橋2丁目北2−6（大和南森町ビル）
〒530-0041　電話 06（6135）4050　FAX 06（6135）4059
URL https://www.skattsei.co.jp/

印刷：大村印刷㈱

■著作権法により無断複写複製は禁止されています。落丁本・乱丁本はお取り替えします。
■本書の内容に関するお問い合わせは編集部までFAX（03-4332-1378）又はメール（edit-e@skattsei.co.jp）
でお願いします。
■本書の追録情報等は、当社ホームページ（https://www.skattsei.co.jp/）をご覧ください。

ISBN978-4-433-77234-5